진짜 생활 속의 수학

저자와의
합의하에
인지를
생략합니다

진짜
생활 속의
수학

지은이   이승훈
펴낸이   조경희
펴낸곳   경문사
펴낸날   2023년 7월 1일 1판 1쇄
등   록   1979년 11월 9일 제1979-000023호
주   소   04057, 서울특별시 마포구 와우산로 174
전   화   (02)332-2004 팩스 (02)336-5193
이메일   kyungmoon@kyungmoon.com

값 15,000원

ISBN 979-11-6073-465-2

★ 경문사의 다양한 도서와 콘텐츠를 만나보세요!

	홈페이지	www.kyungmoon.com	페이스북	facebook.com/kyungmoonsa
	포스트	post.naver.com/kyungmoonbooks	블로그	blog.naver.com/kyungmoonbooks
	북이오	buk.io/@pa9309	인스타그램	instagram.com/kyungmoonsa

도서 중 **정오표** 및 **학습자료**가 있는 경우 홈페이지 내 해당 도서 상세 페이지의 **자료** 탭에 업로드됩니다.

수학자들이 강력 추천한

진짜 생활 속의 수학

이승훈 지음

72㎡이면 몇 평이지?
쉽게 계산하는 방법은?

72㎡

$x + 6y = 48$

추천의 글

　오랜만에 제대로 된 수학 교양서를 만났다. 책 제목《진짜 생활 속의 수학》에 사용된 부사처럼, 피상적으로 수학의 필요성을 역설하는 수준을 넘어 내용 하나하나가 진짜로 알차다.

　수천 년 전 이집트 메소포타미아에서 시작된 수학은 그리스 시대를 거치면서 인류 문명의 찬란한 금자탑을 이끈 원동력으로 인식되어 왔지만 일반 대중으로부터 심한 외면을 받거나 그 필요성조차도 납득시키기 어려운 분야가 되어 왔다. 이 간극을 좁히기 위해 '수학의 대중화' 차원에서 많은 노력을 해왔지만 수학이 갖는 내용상의 어려움으로 인해 그 과정이 쉽지 않았다.

　이 책을 읽으면서 일반 대중들에게 수학을 보다 친숙하게 만들기 위한 저자의 진정성이 바로 느껴졌다. 특히 너무 쉬운 초등산술적 내용을 택하여 수학의 본질에 접근하기 어렵게 만든 종래의 노력을 답습하지 않았다는 점이 눈에 들어왔다. 또한 친숙하지만 수학과는 크게 관련 없어 보이는 실생활 장면이나 현대 사회에서 제기되는 시급한 현안을 해결하는 과정에서 수학 지식이나 사고 전략은 사회생활을 합리적으로 영위하는 데 필요한 지혜와 사회를 새롭게 발전적으로 변화시키는 중요한 힘을 제공하는데, 그 점을 체계적으로 완성도 있게 보여 주고 있다는 점이 매우 신선하게 다가왔다.

이 책의 또 다른 매력은 매우 수준 높은 수학적 이론이 사실 우리가 잘 알고 있는 현상에서 출발하고 있다는 점을 지속적으로 보여줌으로써 수학이 실생활과 유리된 학문이 아님을 보다 설득력 있게 보여주고 있다는 점이다. 수학자들의 많은 도전적인 과제가 오랫동안 우리가 접해왔던 현상에 대한 단순한 호기심에서 시작하여 그 이면에 있는 산술적인 원리를 확장하는 '발상의 전환'을 통해 찾아졌다는 점을 알게 되어 신기하게 느껴졌다.

이 책은 중학교 수준의 수학 내용을 갖춘 일반 독자들이라면 충분히 이해할 수 있다고 본다. 그렇지만 단숨에 읽을 수는 없다. 다소 어렵게 느끼더라도 잠시 시간을 들여 여유 있게 천천히 읽으면서 포기하지 않길 바란다. 힘들지만 무사히 여정을 마치면 자신의 사고의 폭이 한층 업그레이드되어 있음을 발견할 수 있으며, 수천 년의 역사 속에서 수학이 우리 사회를 얼마나 풍성하게 만들어 왔는지를 실감할 수 있을 것이다.

이 책은 기존의 수학 교과서나 자료에 사용되지 않은 새로운 내용들이 다양하게 들어 있다는 점에서 수학 교사나 교육과정 및 교과서 개발자들을 위한 좋은 필독서이다. 수학이 변화되어 나가듯, 수학교육과정이나 수학 교육 자료도 새롭게 변화되어 나가야 하는데 이 과정에서 사용될 수 있는 귀한 자료를 찾을 수 있을 것이다. 끝으로 고등학교 학생들에게도 일독을 권한다. 기존의 수학 교과서나 참고서에서 찾아보기 힘든 귀중한 수학적 지혜를 접함으로써 인생의 나침반이 되는 소중한 경험을 하게 될 것이다.

류희찬(한국교원대학교 명예교수 / 전 한국교원대학교 총장)

《진짜 생활 속의 수학》은 중고등학생뿐 아니라 일반인들에게 일상생활에서 수학이 어떻게 활용되고 있는지를 주위에서 자주 접하는 사례들을 통해 이해하기 쉽고 친근하게 설명하면서도, 이러한 문제들을 해결하기 위해서 수학자들이 지금까지 어떻게 노력해 왔는지 그 역사까지 일목요연하게 서술한 품격이 느껴지는 교양서이다.

수학이란 학문은 수학을 업으로 하는 수학자나 전문가들의 전유물이 아니라 일반인들에게도 수학을 조금만 열린 마음으로 대하면, 실생활에서 얼마나 유용한 학문인지를 쉽게 인지할 수 있다. 그런 점에서 이 책은 현 입시제도에 의해서 왜곡된 수학의 본질을 일상생활 속에서 친숙하게 접하는 여러 사례들을 통해 엿볼 수 있게 해주는 주제들로 이루어져 있다. 또한, 요즈음 인공지능(AI)의 발달로 대표되는 4차 산업혁명과 첨단과학기술 중심 사회로 전환되고 있는 시점에서 수학이 왜 중요하고 필요한지를 언급한 제5장 '4차 산업사회를 위한 수학'은 독자들에게 기본 소양을 쌓는 데 큰 도움이 되리라 본다.

우리는 좋은 글을 읽거나 지적 소양을 쌓으면서 몸과 마음을 풍성하게 만든다. 이 책은 수학적 사전 지식이 없어도 충분히 이해하고 즐길 수 있는 내용들로 꾸며져 있다. 독자들에게 일상에서 잠시 벗어나 편한 마음으로 휴식을 취하면서 읽어보기를 권장한다.

박종일 (서울대학교 교수 / 대한수학회 회장)

《진짜 생활 속의 수학》은 도형, 경제, 일상생활 등 실제 생활 속에서 수학과의 관련성을 찾아내어 초등학생부터 고등학생, 일반인까지 모두가 흥미롭게 읽고 활용할 수 있는 내용을 제시하고 있습니다. 전통적인 칠교놀이와 현대적인 트랜스포머를 예시로 들어 수학적인 원리와 관련시켜 설명하고 있습니다. 이러한 접근 방식은 초등학생들에게는 이해하기 쉬운 체험 활동을 제시하고, 고등학생들에게는 탐구 주제로 적합한 수학적인 내용을 제시하고 있습니다.

《진짜 생활 속의 수학》은 학생들이 수학에 대한 흥미와 이해를 높일 수 있도록 유기적으로 연결된 내용들을 제공하고 있습니다. 이를 통해 학생들은 수학을 단순한 학문으로서가 아닌, 실제 생활에서 필요한 도구로서의 가치를 깨닫게 됩니다. 또한, 다양한 문제와 예시를 통해 수학적인 사고력과 문제 해결 능력을 함께 키울 수 있습니다. 이러한 내용은 수학 교육에 새로운 시각과 접근법을 제시하는 좋은 자료입니다. 이 책을 통해 독자들은 일상 속에서 수학적인 개념과 원리를 발견하고, 이를 통해 현실 세계에서의 문제 해결과 응용력을 향상시킬 수 있을 것으로 기대합니다.

고호경 (아주대학교 교수 / 한국수학교육학회 회장)

《진짜 생활 속의 수학》은 수학을 '왜' 그리고 '어떻게' 공부해야 하는지를 보여준다. '트랜스포머를 위한 수학' 등에서 여러 가지 자연현상 또는 사회현상을 수학적으로 관찰·해석·이해하는 것이 수학을 공부하는 중요한 이유라는 것을 암시하고 있다. 수학을 공부한다는 것은 수학을 탐구하는 것이다. 수학 탐구는 현상을 관찰할 때 생기는 의문과 호기심으로부터 시작된다. 의문과 호기심을 해결하기 위한 일련의 과정 즉 질문 만들기, 수학적으로 답을 추측하고 확인하기, 그리고 증명하기 등에 도전하는 활동이 곧 수학 탐구이다. 수학을 탐구하는 여정이 쉽지 않고 실패할 수도 있지만, 이때의 실패는 '생산적 실패'로 두려워할 필요가 없다. 성공했을 때 오는 기쁨과 '아하! 경험'은 우리에게 수학으로 세상을 보는 안목과 수학적 힘을 길러준다. 이 책의 행간에는 수학을 탐구하는 과정은 물론 수학탐구의 어려움과 성공했을 때의 기쁨이 곳곳에 숨겨져 있다.

　수학은 세상을 만들고 발전하게 하는 원동력이다. 수학이 세상과 어떻게 연결되어 있는지를 보여주는 이 책은 수학을 공부하는 학생과 수학을 가르치는 수학교사는 물론 모든 사람이 읽어볼 만한 책이다. 특히 '수학을 왜, 어떻게 공부해야 하는가?'에 대한 답을 찾고 싶은 독자들에게 이 책을 권한다.

　　　　　　　　　조완영 (충북대학교 교수 / 전 대한수학교육학회 회장)

　'생활 속의 수학' 제2탄은 제1탄의 재미를 뛰어넘는 대단한 작품이다. '수학'이라는 단어의 첫자가 '사물의 이치'를 뜻하듯이, 수학은 원래 하늘이나 땅, 즉 자연을 관찰하는 데에서 시작하였다. 신비한 섭리들이 조금씩 그 모습을 보여 줄 때마다 수학은 차근차근 지혜를 쌓아온 학문이다. 수학에서 실용과 이론은 동전의 앞뒤처럼 서로 분리할 수 없다.

　고대 문명에서 피라미드나 제단 등을 만들기 전에 그 규모를 정하고 부피를 구하는 것은 매우 중요한 문제이다. 이를 알아야 얼마나 많은 돌이 필요한지, 비용은 얼마나 드는지, 일을 해야 하는 사람 수나 완성하는 데 걸리는 시간 등을 파악할 수 있다. 하지만 '수와 양'에 대한 바른 이해가 없이는 부피를 구하는 것은 쉬운 일이 아니다.

　피타고라스 학파의 에우독소스는 공측성(公測性, commensurability) 개념을 확장하여, 드디어 '실수'의 본질을 설명하였고, 피라미드의 부피를 구하기 위하여 적분법을 개발하였다. 이런 에우독소스의 통찰이 없었다면, 아르키메데스의 지렛대 원리나 뉴턴의 중력 법칙 등도 나타날 수 없다.

　하지만 이천년 동안 수학자들은 무한대나 무한소 개념을 사용하지 않고 피라미드 부피를 구할 수 있을까? 하는 문제를 생각해 왔는데, 19세기가 지나서야 비로소 부피를 구하는 문제에서 프리즘과 피라미드, 즉 각기둥과 각뿔은 본질적으로 다르다는 것을 알게 되었다.

수학에서 사용하는 용어들은 수학의 본성을 잘 나타낸다. 그 중 가장 대표적인 수학 용어는 '같음' 또는 '정체성'을 뜻하는 '아이덴티티'와 변화를 뜻하는 '트랜스포메이션'(함수)이다. 고대 로마 시대 시인인 오비디우스의 유명한 작품 '메타모르포시스'는 '변신'이라고도 번역되는데, '형태의 변화'를 뜻한다. 그 작품 속에 등장하는 피타고라스라는 현자는 거인의 어깨 위에서 세상을 내려다보며 '변화 속에는 변하지 않는 것이 있다'는 자연의 핵심적인 섭리를 이야기한다. 그는 삶과 죽음, 영혼 불멸을 이야기하면서, 이웃과 동물을 사랑하여야 하는 이유도 설명한다. 에너지 보존 법칙이나 곡률 불변 원리 등도 모두 이런 원리 중의 하나이다.

《진짜 생활 속의 수학》은 읽을수록 재미가 더해가는데, 각종 통계 자료에 들어 있는 현상이나 카드 놀이, 브래지어 크기, 제4차 산업이나 인공지능 등도 잘 소개되어 있다. 다 읽고 나니, 벌써 제3탄이 기다려진다.

김홍종 (서울대학교 명예교수 / 광주과학기술원 초빙석학교수)

머리말

또 책을 썼습니다.

2018년에 생활 속의 수학 1권인 《실용 수학》을 냈는데, 이제 생활 속의 수학 2권 《진짜 생활 속의 수학》을 썼습니다.

1권 《실용 수학》을 출간한 후 시간이 지나면서 아쉬웠던 점들이 하나하나 떠올랐습니다. 실생활과 관련된 좀 더 깊이 있는 수학을 소개하고 싶었습니다. 4차 산업혁명 시대에 수학이 어떻게 활용되고 얼마나 중요한지 소개하고 싶었습니다. 수학적인 내용을 소개하는 것에 이어서 독자들에게 하고 싶은 개인적인 생각도 전하고 싶었습니다. 그리고 수학을 알면 실생활에 도움이 된다는 것을 느끼게 하고 싶었고, 무엇보다도 독자들이 좀 더 친근한 느낌으로 읽을 수 있게 하고 싶었습니다.

책을 또 쓰게 되면서 책 쓰는 일이 진짜 엄청 힘든 일이란 것을 또 한 번 절감하게 되었습니다. 두 번째 쓰는 거니까 이번엔 좀 쉽겠지 했는데 첫 번째 못지않게 힘들었습니다. 전문성 있고 깊이 있는 내용을 일반인들이나 학생들이 이해하기 쉽게 쓴다는 것이, 게다가 재미가 느껴지도록 쓴다는 것은 절대로 쉬운 일이 될 수 없다는 생각이 듭니다. 이 책을 쓴 것도 적잖은 시간이 걸려서 3년 6개월 이상 걸린 것 같습니다. 제 능력이 부족한 탓이라 생각하고 있습니다만, 스스로 업그레이드한다는 것은 정말 많은 시간과 노력이 필요한 것 같습니다.

이 책은 전체 5개 장으로 이루어져 있고, 각 장은 3개 절로 이루어져 있습니다. 그리고 각 절은 시작하는 첫 쪽에 그 절 내용의 핵심 동기에 해당하는 〈궁금해요〉가 삽화와 함께 있습니다. 〈궁금해요〉를 보시면 제가 왜 그 절의 내용을 쓰게 되었는지 이유와 동기를 이해하실 수 있을 것이며, 독자 여러분이 책을 읽을 때 나침반 역할을 할 것으로 생각합니다.

각 절의 끝부분은 〈마무리하며〉로 마치게 됩니다. 〈마무리하며〉는 제가 각 절에서 소개한 수학적 내용에 이어서 개인적으로 하고 싶은 이야기입니다. 제가 독자들에게 수학적 내용을 소개하고 있지만, 독자들이 단순히 수학적 내용만을 이해하는 데에 그치지 않기를 바라는 마음이 있습니다. 수학적 내용을 이해하고, 그것을 실생활에 활용하고, 나아가 일상을 살아가는 삶의 태도를 개선하는 것으로 이어지면 좋겠다는 바람이 있습니다.

모든 학문이 그렇듯이 수학을 공부하는 목적이 지식 습득에만 있는 것은 아닙니다. 지식 습득의 과정을 통해 삶의 태도가 개선되고, 궁극적으로 행복한 삶으로 이어져야 한다고 생각합니다.

책 쓰는 과정에서 도움을 주신 분들이 많은데, 가장 먼저 제 대학 동기이자 가장 친한 친구 중의 한 명인 한신대학교 박기현 교수에게 진심으로 감사의 마음을 전합니다. 제가 아이디어가 고갈되어 너무 힘들었을 때, 많은 아이디어를 주고 큰 용기와 힘을 불어넣어 주었습니다. 특히 3장 3절 도박사의 성공전략은 박기현 교수의 아이디어와 도움이 없었으면 쓰지 못했을 것입니다. 제 평생을 함께하며 큰 힘이 되어주는 너무 소중한 동료이자 친구입니다. 이런 친구를 둔 것은 저의 큰 복이라고 생각합니다. 그리고 서울대학교 명예교수이신 김홍종 교수님께 마음 모아 감사드립니다. 선생님께서는 이 책의 초안을 검토하시고 꼼꼼하게 수정해주시고 조언해주셨으며 추천사도 써주셨습니다. 그리고 추천사를 써주신 류희찬 전 한국교원대학교 총장님, 박종일 대한수학회 회장님, 고호경 한국수학교육학회 회장님, 그리고 조완영 전 대한수학교육학회 회장님께 머리 숙여 깊이 감사드립니다. 바쁘신 중에도 제 책을 꼼꼼하게 읽어주시고 저의 저술 의도를 파악하셨으며 단점보다는 장점을 크게 보시고 책의 무게를 더 해주셨습니다. 마음 깊이 감사드립니다.

책을 다 쓰고 나니 그동안의 고생이 마무리된다는 것과 긴 기간의 노력이 모아져 열매를 맺는다는 생각에 뿌듯한 마음이 듭니다. 책을 쓰는 동안 제가 쓴 내용을 보면서 저는 스스로 얼마나 재미있었는지 모릅니다. 독자 여러분은 어떨지 모르겠는데 저는 제가 쓴 원고를 보면서 너무 재미있었습니다. 제가 쓴 것이 재미있어서 힘든 줄 모르고 내용을 보완하고 가다듬고 하는 작업을 계속했습니다. 다만,

저는 이렇게 재미있게 느끼는데 다른 사람들은 어떨까 하는 궁금증이 살짝 들었습니다. 부디 독자 여러분께서도 유익하고 재미있게 느끼시면 더 바랄 것이 없겠습니다.

살아보니 많은 사람의 도움 없이는 할 수 있는 일이 하나도 없다는 것을 알게 됩니다. 이 책의 내용은 제가 썼지만, 이 책의 출판 과정에서 출판사 편집 담당자의 도움이 너무 컸습니다. 담당자의 헌신적인 뒷받침이 없었다면 이 책은 나오지 못했을 것입니다. 그뿐만 아니라 책의 편집, 삽화 디자인, 표지 디자인, 인쇄 등등 수많은 분의 도움을 통해 이 책이 나오게 된 것입니다. 책을 흔쾌히 출판해주신 경문사 사장님을 비롯한 직원 여러분과 그 외 많은 분께 진심으로 감사의 말씀을 드립니다.

끝으로 멀리서 가까이서 늘 저를 응원하고 도와주는 가족에게 진심으로 감사하다는 말과 사랑의 마음을 전합니다. 그리고 전 생애에 걸쳐 저를 가까이 불러 품어주시는 그분의 한없는 사랑에 모든 걸 바쳐 감사드립니다. 사랑합니다.

차례

추천의 글   4
머리말   10

PART 1
트랜스포머를 위한 수학

01. 칠교판 놀이   19
02. 한 다각형이 다른 다각형으로 변신할 수 있을까?   36
03. 한 다면체가 다른 다면체로 변신할 수 있을까?   48

PART 2
수학은 생활이다

01. 수학은 편리함이다   69
02. 영화관 명당자리는 어디일까?   83
03. 병에 걸렸다고 진단받았을 때 진짜로 병에 걸렸을 확률은?   96

PART 3
타짜를 위한 수학

01. 고스톱을 4명이 광 팔지 않고 치는 방법   113
02. 카드 섞기와 수학   126
03. 도박사의 성공 전략   148

PART 4

숫자로 사회 현상의 비밀을 풀다

01. 파레토 법칙   169
02. 지프의 법칙   181
03. 벤포드의 법칙   196

PART 5

4차 산업사회를 위한 수학

01. 발굴된 유물이 얼마나 오래된 것인지 어떻게 알지?   211
02. 코로나19와 같은 전염병 확산 속도를 어떻게 예상하지?   221
03. 인공지능에 필요한 수학   235

참고자료   268

트랜스포머를
위한 수학

01. 칠교판 놀이
02. 한 다각형이 다른 다각형으로 변신할 수 있을까?
03. 한 다면체가 다른 다면체로 변신할 수 있을까?

영화 트랜스포머에서 주인공 로봇은 헬리콥터, 자동차 등 여러 가지 모양으로 순식간에 변신하는 놀라운 능력을 갖고 있다.

오락을 다큐로 대하는 것일 수 있으나, 영화에서처럼 로봇이 여러 가지 모양으로 변신하는 것이 실제로 가능한 것인가 하는 의문이 든다. 즉, 어떤 도형을 여러 조각으로 자른 후 조각들을 재조립해서 다른 도형이 되도록 할 수 있느냐 하는 질문이다.

이 질문에 대하여 평면도형의 경우와 (3차원) 입체도형의 경우로 나누어 각각 알아보자.

01 칠교판 놀이

궁금해요

정사각형을 오른쪽 그림과 같이 여러 개의 조각으로 잘라 놓은 것을 칠교판이라고 한다.

수진이와 선붕이는 칠교판 조각을 조립해서 여러 가지 모양을 만들며 놀다가 정삼각형이 잘 만들어지지 않았다. 그러다 수진이가 선붕이에게 30분 내에 조각들을 조립해서 정삼각형을 만들 수 있는지 떡볶이 내기를 하자고 했다. 선붕이가 만들면 수진이가 떡볶이를 사고, 못 만들면 선붕이가 사는 거다.

내기가 시작되어 선붕이가 이리저리 열심히 하는데 쉽게 되지 않는다. 남은 시간은 점점 줄어들고 초조해지는데 잘 만들어지지 않는다. 과연 이 내기는 누가 이겼을까?

칠교판

정사각형을 오른쪽 그림과 같이 잘라 놓은 것을 **칠교판** 또는 **탱그램**Tangram이라 한다. 칠교판은 중국에서 처음 만들어졌다는 설이 있으나, 언제 누가 처음 만들었는지 그 기원은 명확하지 않다. 수백 년 전에 여러 나라에서 발행된 책에서 칠교판에 관한 내용이 발견되는데, 예를 들어 1742년 일본에서, 1805년 유럽에서, 1813년 중국에서 발행된 책에 칠교판에 관한 내용이 소개되어 있다. 이렇게 칠교판은 역사가 매우 오래된 놀이 도구이다. 그리고 1900년대 중반 1차 세계대전 전후에 세계적으로 큰 인기를 끌었다고 하며, 우리나라에서도 유, 초년생들에게 잘 알려져 있고, 필자도 초등학생 때 해봤던 기억이 있다.

칠교판

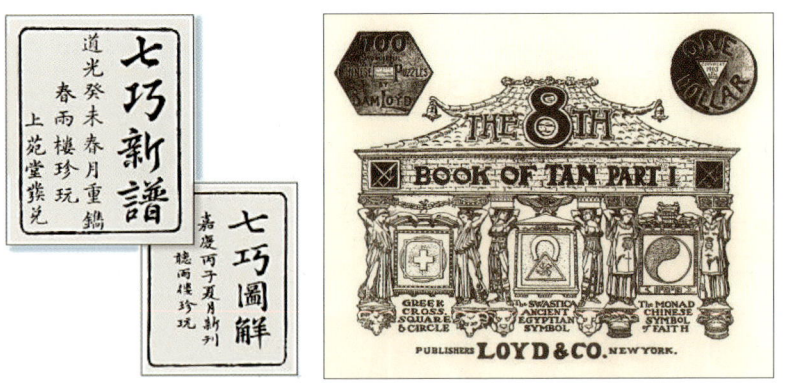

로이드(Sam Loyd)의 책 《탱크램 제8권(The 8th book of Tan)》의 표지

칠교놀이

 칠교판의 조각들을 하나씩 모두 사용하여 여러 가지 모양을 만드는 놀이를 **칠교놀이**라고 한다. 조각이 7개뿐이라서 만들 수 있는 모양이 몇 개 안 되고, 만들기도 쉬울 것 같은데, 막상 해보면 생각보다 만만치 않고 여러 가지 모양을 굉장히 많이 만들 수 있다. 삼각형, 사각형과 같은 단순한 모양에서부터 숫자, 글자 같은 복잡한 모양들도 만들 수 있으며, 심지어는 작품 수준의 동물, 식물 모양들까지도 만들 수 있다. 이처럼 칠교놀이는 상상력과 창의력을 자극하는 신기하고 재미있는 놀이이다.
 우선 삼각형, 사각형, 평행사변형, 사다리꼴 등의 간단한 모양을 만드는 방법을 소개하면 다음과 같다.

숫자나 글자 모양을 만드는 방법을 소개하면 다음과 같다.

숫자칠교

한글칠교

사람, 동물, 사물 등 다양한 모양을 만들 수 있는데, 예를 들면 다음과 같은 것들이 있다.

사람칠교

동물칠교

사물칠교

칠교판 조각으로 만들 수 있는 모양

칠교판 조각을 모두 사용하여 만들 수 있는 모양은 몇 개나 될까? 앞에서 숫자, 글자, 동물, 식물, 인물 등의 여러 가지 모양을 만든 것을 보면 상당히 많이 만들 수 있을 것으로 짐작된다. 2200개 이상의 작품이 1920년 이전에 중국에서 만들어졌으며, 미국에서 약 2500개, 프랑스에서는 1500개 이상, 영국에서 500개 이상, 독일과 이탈리아에서 각각 300개 이상의 작품이 만들어졌다. 칠교판 조각은 단지 7개뿐인데, 그 7개의 조각으로 2500개 이상의 작품을 만들 수 있다는 것이 놀라울 따름이다.

볼록다각형

도형의 모양과 관련해서 수학자들이 관심 있어 하는 모양 중에 '볼록다각형'이란 것이 있다. 어떤 도형이 '볼록하다', '오목하다'는 말은 일상생활 중에도 사용하는 말인데, 볼록하다는 것은 튀어나와 있다는 말이고, 오목하다는 말은 안으로 들어갔다는 말이다. 아래 그림의 왼쪽 도형은 볼록하고, 오른쪽 도형은 오목하다고 할 수 있다.

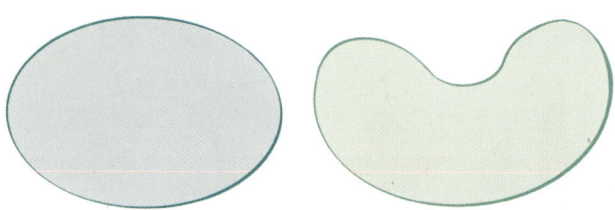

볼록과 오목에 대해서는 수학적으로 잘 정의되어 있다. 어떤 도형이 '볼록하다'는 용어의 수학적 정의는 다음과 같다.

> 도형의 임의의 두 점을 잇는 선분이 그 도형 내부에 있으면
> 그 도형은 볼록하다고 한다.

아래 그림의 왼쪽 도형은 두 점을 어떻게 잡아도 그 두 점을 잇는 선분이 그 도형 안에 있다. 그러나 오른쪽 도형의 경우에는 그림과 같이 두 점을 잡으면 그 두 점을 잇는 선분의 일부분이 그 도형 외부에 있다. 그러므로 아래 왼쪽 도형은 볼록하고, 오른쪽 도형은 오목하다.

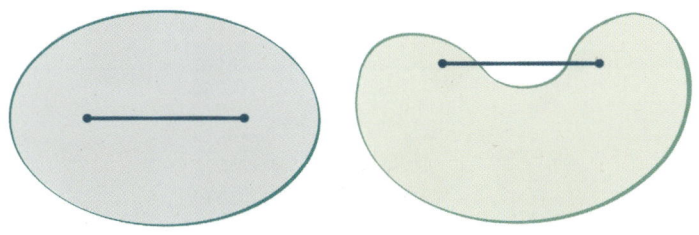

볼록 도형은 오목 도형에 비해 성질도 간단하고 논리적으로 다루기 쉬워서 수학자들이 볼록 도형을 선호하는 경향이 있다.

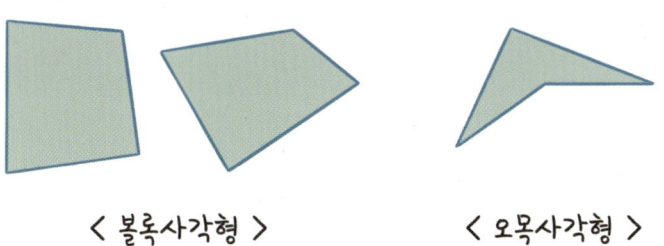

〈 볼록사각형 〉 〈 오목사각형 〉

❋ 칠교판 조각으로 만들 수 있는 볼록 다각형

볼록 도형이라는 개념을 알았으니, 이제 칠교판 작품 중에서 볼록한 것으로 어떤 것들이 있는지 알아보자. 앞에서 소개한 칠교판 작품을 살펴보면, 볼록한 것은 많지 않고 대부분이 오목한 것임을 알 수 있다. 그러면 볼록한 작품은 몇 개나 될까? 우선, 앞에서 소개한 작품 중에서 볼록 도형은 다음과 같이 13개가 있다.

그러면 위의 13개의 볼록 도형 이외에 더 만들 수 있는 것이 있을까 없을까? 더 있다면 만드는 방법을 제시하면 될 것이고, 없다면 만들 수 없다는 것을 증명해야 할 것이다.

이 질문에 대해서는 이미 수학적으로 증명이 되었는데, 칠교판 조각으로 만들 수 있는 볼록다각형이 13개뿐이라는 것을 1942년에 왕 Fu Traing Wang과 시옹 Chuan-Chih Hsiung이 증명하였다.

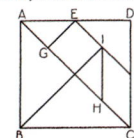

왕과 시옹의 논문

◉◐◑ 칠교판 조각으로 만들 수 없는 모양

칠교판 조각 7개로 만들 수 있는 모양이 볼록인 것은 13개뿐이지만, 오목한 것은 수천 개나 된다고 하니 정말 놀라운 일이다. 단지 7개의 조각으로 그렇게 많이 만들 수 있다니 말이다. 그러나 한편으로는

> 칠교판 조각으로 모든 모양을 다 만들 수 있을까?

하는 의문이 든다.

물론 이 의문에 대한 답은 당연히 '아니다'일 것이다. 7개의 조각으

로 세상의 모든 모양을 다 만드는 것은 당연히 불가능할 것이다. 당연히 어떤 모양은 만들 수 있고, 어떤 모양은 만들 수 없을 것이다. 그러면 다음과 같은 질문을 자연스럽게 할 수 있다. "주어진 모양을 보고 칠교판 조각으로 만들 수 있는지 없는지 알 수 있을까?" 즉, 칠교판 조각으로 만들 수 있는 모양인지 아닌지 알 수 있는 판정법이 있겠느냐 하는 질문이다. 예를 들면 다음과 같은 모양은 만들 수 없을 것이다.

당연히 만들 수 없을 것 같은데, 만들 수 없다는 것을 어떻게 설명할 것이냐가 문제이다.

칠교판 조각들의 기하학적 정보

위 도형을 칠교판 조각으로 만들 수 없다는 것을 보이는 방법은 여러 가지가 있을 것이다. 그중에서 칠교판의 기하학적 특징에 주목해서 방법을 찾아보도록 하자. 이를 위해서 우선 칠교판 조각의 모양에 대한 기하학적 정보를 조사해보자.

칠교판 조각 모양은 다음과 같다.

큰 삼각형 2개
중간 삼각형 1개
작은 삼각형 2개
정사각형 1개
평행사변형 1개

전체 정사각형 한 변의 길이가 4이고 넓이가 16이라 할 때, 각 조각의 꼭짓점의 개수, 꼭지각의 크기, 변의 개수, 변의 길이, 넓이 등을 조사하여 정리하면 다음과 같다.

칠교판 각 조각들의 기하학적 정보

모양	개수	꼭짓점의 개수	꼭지각(°)	변의 개수	변의 길이	넓이
큰 삼각형	2	3, 3	45°, 90°	3, 3	$2\sqrt{2}, 4$	8
중간 삼각형	1	3	45°, 90°	3	$2, 2\sqrt{2}$	2
작은 삼각형	2	3, 3	45°, 90°	3, 3	$\sqrt{2}, 2$	2
정사각형	1	4	90°	4	$\sqrt{2}$	2
평행사변형	1	4	45°, 135°	4	$\sqrt{2}, 2$	2
합계	7	23		23		16

칠교판과 꼭짓점

이제 칠교판 조각의 기하학적 정보 중에서 우선 꼭짓점의 개수에 주목해보자. 칠교판 조각으로 여러 가지 모양을 만들 때의 규칙은 칠교판 조각들이 서로 겹치지 않게 붙여야 하는 것이다. 다음 그림에서 알 수 있듯이, 조각들이 서로 겹치지 않게 붙이면, 어떻게 붙이더라도 붙여서 얻은 도형의 꼭짓점의 개수가 늘어나지 않음을 알 수 있다. 그러나 조각을 겹치게 붙이는 경우에는 꼭짓점의 개수가 늘어나기도 한다.

앞의 표에서 칠교판 조각 7개의 모든 꼭짓점 개수는 총 23개이다. 따라서 칠교판 조각으로 어떤 도형을 만들든지 그 도형의 꼭짓점의 개수는 최대 23개이다. 그러므로 다음과 같은 사실을 알 수 있다.

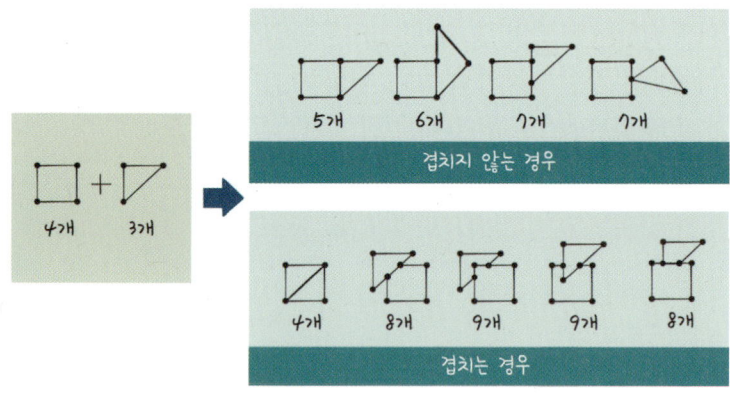

꼭짓점의 개수 변화

> **정리**
>
> 꼭짓점의 개수가 23이 넘는 도형은
> 칠교판의 조각을 겹치지 않게 붙여서 만들 수 없다.

위 정리에 의하여 앞에서 예로 들었던 다음 도형은 칠교판 조각으로 만들 수 없음을 알 수 있다. 왜냐하면 다음 도형의 꼭짓점은 24개이기 때문이다.

다음 도형들도 꼭짓점의 개수가 24 이상이므로 칠교판 조각을 겹치지 않게 붙이는 방법으로는 만들 수 없다.

꼭짓점의 개수가 23을 초과하는 도형 그림들 예시

꼭짓점의 개수가 23을 넘으면 만들지 못한다. 그렇다고 해서 꼭짓점의 개수가 23을 넘지 않으면 항상 만들 수 있느냐 하면 또 그건 아니다. 즉, 꼭짓점의 개수가 23을 넘지 않는데도 불구하고 만들 수 없는 도형도 있다.

◉◐◯ 칠교판과 꼭지각

앞에서는 꼭짓점에 주목했었는데, 이번에는 조각의 꼭지각에 주목해보자. 앞에 나왔던 표에서 알 수 있듯이, 칠교판 조각의 꼭지각은 45°, 90°, 135°뿐이다. 90° = 45° × 2, 135° = 45° × 3이므로, 칠교판 조각을 빈틈없이 이어 붙여서 만들 수 있는 각의 크기는 45°의 배수뿐이다.

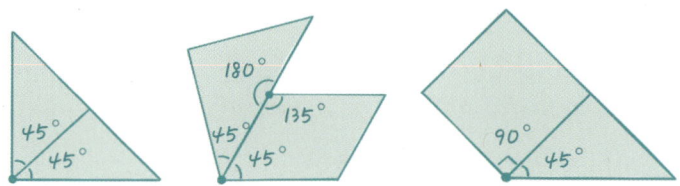

그러므로 다음과 같은 사실을 알 수 있다.

> **정리**
> 조각 사이의 빈틈이 없는 꼭짓점 중에서
> 꼭지각의 크기가 45°의 배수가 아닌 꼭짓점이 있는 도형은
> 칠교판 조각으로 만들 수 없다.

정삼각형의 한 꼭지각의 크기는 60°이다. 따라서 위 정리에 의하여 정삼각형은 칠교판 조각으로 만들 수 없음을 알 수 있다. 정오각형과 정육각형의 한 꼭지각의 크기는 각각 108°, 120°이므로, 정오각형과 정육각형도 칠교판 조각으로 만들 수 없다.

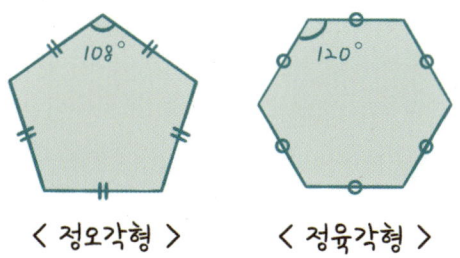

〈 정오각형 〉   〈 정육각형 〉

정n각형의 한 꼭지각의 크기가 $\frac{n-2}{n} \times 180°$임을 생각해보면 정다각형 중에서 칠교판 조각으로 만들 수 있는 것은 정사각형뿐임을 알 수 있다.

다음 도형들도 칠교판 조각으로 만들 수 없다.

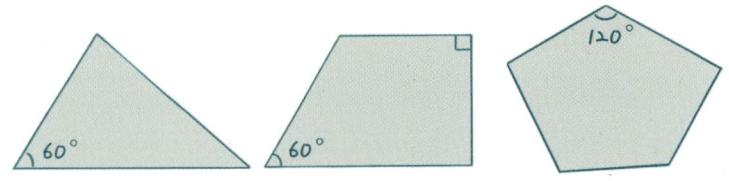

　어떤 도형을 칠교판 조각으로 만들 수 있으려면 그 도형의 꼭지각이 모두 45°의 배수이어야 한다. 그런데 꼭지각이 모두 45°의 배수이면 항상 칠교판 조각으로 만들 수 있느냐 하면 그건 아니다. 꼭지각이 모두 45°의 배수인데 칠교판 조각으로 만들 수 없는 도형이 어떤 것이 있는지 독자 여러분이 생각해보기 바란다.

◉◎《 마무리하며

　칠교판 조각으로 만들 수 있는 모양과 만들 수 없는 모양에 대하여 알아보았다. 칠교판 조각으로 만들 수 있는 모양이 2500개 이상이지만, 그중에서 볼록다각형은 13개밖에 없음을 알았다. 이를 통해 **볼록이라는 조건**이 매우 강한 조건임을 느낄 수 있다.

　볼록이 아닌 모양에 대해서는, 각 조각의 기하학적 특성, 특히 꼭짓점의 개수와 꼭지각의 크기를 통해 분석하였다. 이 분석에서 가장 핵심적인 관찰은 칠교판 조각을 붙여서 다른 도형을 만드는 과정에서 조각의 꼭짓점 개수의 합이 늘어나지 않는다는 것과 도형의 **꼭지각 크기가 45°의 배수가 되어야 한다**는 것이었다. 이 성질을 통해 칠교판 조각으로 만들 수 있는 도형은 꼭짓점의 개수가 23개 이하이고, 모든 꼭지각의 크기는 45°의 배수라는 정리를 얻을 수 있었다.

　우리가 일상 중에 하는 일이나 게임에는 정해진 규칙이 있다. 정해진 규칙에 따라 무언가를 할 때, 변하지 않고 유지되는 성질이 무엇인지 집중해서 관찰하고 알아내는 것이 매우 중요하다. 칠교판 놀이에서는 조각을 붙여서 다른 모양을 만드는 작업을 할 때, **꼭짓점 개수의 합이 늘어나지 않는다**는 것과 꼭지각의 크기가 45°의 배수라는 성질이 그것에 해당한다. 그리고 그렇게 변하지 않거나 유지되는 성질을 이용하여 의미 있는 결과를 얻을 수 있다. 일상생활 중에 접하는 현상과 상황 등에서 변하지 않는 것은 어떤 것이 있는지, 변하는 것은 어떻게 변하는지 관심 갖고 분석하는 것은 수학적 태도를 실생활에 적용하는 바람직한 모습이라 하겠다.

02
한 다각형이 다른 다각형으로 변신할 수 있을까

궁금해요

수진이와 선붕이는 이번에는 정사각형을 가위로 여러 조각으로 자른 후, 조각들을 겹치지 않게 붙여서 다른 모양을 만들려고 한다. 마치 트랜스포머에서 로봇이 변신하는 것처럼 말이다.

우선 정삼각형을 만들려고 하는데 어떻게 잘라야 정삼각형을 만들 수 있을까? 그리고 정오각형을 만들려면 어떻게 잘라야 할까? 수진이와 선붕이는 과연 정삼각형과 정오각형을 만드는 데 성공했을까?

◉◎◖ 칠교판 놀이에 대한 발상의 전환

칠교판 놀이에서는 정사각형이 이미 특정한 방법으로 잘라져 있었다. 즉, 정사각형을 조각내는 방법이 결정되어 있었다. 그래서 칠교판 조각들의 꼭짓점 개수와 꼭지각 크기 등에 제한이 있었고, 그 제한을 이용하여 칠교판 조각으로 만들 수 없는 모양이 어떤 것인지 알 수 있었다.

이제 발상의 전환을 크게 해보자.

> **발상의 전환**
> 정사각형을 우리 마음대로 잘라서 조각낼 수 있고,
> 그 조각들을 겹치지 않게 붙여서 다른 모양을 만든다고 하자.

그렇게 하면 꼭지각의 크기와 꼭짓점의 개수에 대한 제한이 없어지게 된다. 그래서 만들 수 있는 모양도 훨씬 많아진다. 예를 들어, 칠교판 조각으로 만들 수 없었던 정삼각형과 정오각형도 다음 그림과 같은 방법으로 조각내어 붙이면 만들 수 있다.

정삼각형과 정오각형을 만들고 나니 이번에는 다음과 같은 의문이 든다.

> 정사각형을 자른 후 조각들을 겹치지 않게 붙여서
> 어떤 다각형이든지 다 만들 수 있을까?

이 질문에 대한 답이 어떻게 되는지 알아보도록 하자.

가위 합동

한 도형을 잘라서 조각낸 후 그 조각들을 겹치지 않게 붙여서 다른 도형을 만드는 것에 대하여 수학자들이 2000년 이상의 오래전부터 연구했었다고 하니 그저 놀라울 따름이다.[1] 관련된 용어는 **가위합동** scis-sor congruence이라는 용어이다. 아마도 한 도형을 가위로 자르고, 그 조각들을 붙여서 만든다는 의미에서 가위합동이라고 이름을 붙였을 것으로 짐작되는데, 구체적으로 가위합동의 정의를 소개하면 다음과 같다. 혹시 궁금해하는 독자를 위해 소개하는 것이니, 이 정의의 의미를 이해하려고 일부러 애쓸 필요는 없다. 대충 읽었는데 전혀 이해가 안 되는 독자는 주저없이 넘어가기 바란다.

---

1 예를 들면 피타고라스의 증명에 이런 아이디어가 활용되었다.

가위합동의 정의

두 다각형 P, Q가 다음 조건을 만족할 때, P와 Q는 **가위합동**(scissor congruence)이라 하고, 기호로 $P \sim Q$로 나타낸다.

P와 Q를 서로소[2]인 다각형들의 합집합 $P = \bigcup_{i=1}^{n} P_i$, $Q = \bigcup_{i=1}^{n} Q_i$로 각각 나타낼 수 있고, 각각의 조각은 합동, 즉 $P_i \cong Q_i$, $i = 1, 2, \cdots, n$이다.

위 정의에 대한 이해를 돕기 위해 약간의 설명을 하자면, 두 다각형 P, Q가 가위합동이라는 것은, P를 n개의 조각 $P_1, P_2, \cdots, P_n$으로 조각낼 수 있고, Q도 n개의 조각 $Q_1, Q_2, \cdots, Q_n$으로 조각낼 수 있는데, P_i와 Q_i가 합동, 즉 똑같은 모양이라는 뜻이다.

아래 그림에서 왼쪽의 정사각형을 P_1, P_2, P_3, P_4의 4조각으로 조각내고, 오른쪽 정삼각형을 Q_1, Q_2, Q_3, Q_4의 4조각으로 조각냈는데, $P_1 \cong Q_1, P_2 \cong Q_2, P_3 \cong Q_3, P_4 \cong Q_4$이다. 이것은 정사각형 P를 왼쪽 그림과 같이 조각낸 후에 오른쪽 그림과 같이 붙이면 정삼각형 Q가 된다는 것을 의미한다.

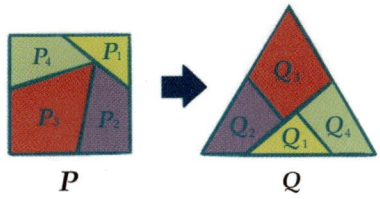

[2] 경계선을 제외하면 서로 만나지 않는다는 뜻.

그러므로 이 정의는 우리가 실제로 다각형 P를 조각낸 후 각각의 조각을 붙여서 다른 모양의 다각형 Q를 만드는 것과 같은 의미가 된다. 그리고 "한 다각형을 적당히 조각낸 후 조립하면 다른 다각형이 될 수 있느냐"는 질문은 가위합동이란 용어를 이용하여 표현하면, **"두 다각형이 가위합동이냐"** 라고 간결하게 표현된다.

가위합동이 되기 위한 조건

두 도형이 주어져 있을 때 한 도형을 적절하게 자른 후 조각들을 붙여서 다른 도형을 만드는 것을 가위합동이라는 용어로 간단하게 표현할 수 있음을 알았다. 가위합동과 관련해서 가장 먼저 드는 질문 중의 하나는 "두 다각형이 어떤 조건을 만족하면 가위합동이 되느냐?", 즉 "두 다각형이 가위합동이 되기 위한 조건이 무엇이냐?"일 것이다. 이런 조건을 (충분조건이라고 하는데, 충분조건을) 찾기 위해 수학자들이 흔히 사용하는 방법 중의 하나가 가위합동일 때 성립하는 조건이 무엇인지 살펴보는 것이다.[3]

이제, 도형 P를 자른 후, 그 조각들을 겹치지 않게 붙여서 다른 도형 Q를 만들었다고 하자. 그러면 가장 쉽게 알 수 있는 것이 두 도형 P와 Q의 넓이가 같다는 것이다. 모든 조각을 사용하여 붙이되, 조각들이 겹치지 않게 붙였기 때문에 넓이는 당연히 같다. 이것을 가위합

---

[3] 이런 조건을 필요조건이라고 한다.

동 용어를 사용하여 표현하면 다음과 같다.

> **관찰**
> 두 도형 P와 Q가 가위합동이면 P와 Q의 넓이는 같다.

그러므로 두 도형의 넓이가 다르면 한 도형을 어떻게 잘라서 붙이더라도 다른 도형을 만들 수 없다. 진짜 중요한 질문은 만일 두 도형의 넓이가 같으면, 한 도형을 잘 자른 후 조각을 붙여서 다른 도형을 만들 수 있느냐는 것이다. 즉,

> **질문**
> 두 다각형 P와 Q의 넓이가 같으면, P와 Q가 가위합동인가?

하는 것이다. 이것은 위 관찰의 역 명제이다.

위 질문의 답이 "예"라는 것은 200여 년 전에 증명되었다. 사실 이 문제는 1807년에 월리스^{William Wallace}가 처음으로 문제를 제기하였고, 1814년에 로리^{John Lowry}가 최초로 이 문제를 증명했다. 그리고 1832년과 1833년에 보여이^{Farkas Bolyai}와 게르빈^{Paul Gerwien}이 각각 독립적으로 증명하였다. 이 문제에서 한 다각형의 조각을 조립하여 다른 다각형을 만들 때, 조각을 평행이동하거나 회전이동하는 것만이 허용되고 조각을 뒤집는 것은 허용되지 않는다. 그런데 20세기에 라츠코비치^{Laczkovich}가 모든 평면 다각형은 유한개의 조각으로 나눈 후 각 조각들을 평행이동만 함으로써 넓이가 같은 정사각형을 조립할 수 있음을 보였다.

◉◎◖ 정리 증명의 아이디어

위 정리(질문)는 증명은 1800년대 초에 증명되었는데 그 증명이 어렵지 않을 뿐만 아니라 멋지다는 생각이 들어서 정리 증명의 아이디어를 소개하려고 한다. 그리고 수학 문제 푸는 것을 좋아하고 재미있어 하는 독자라면 아래의 내용을 읽기 전에 책을 덮고 어떻게 증명할지 한번 생각해 보기를 권한다. 그러나 그렇지 않은 독자라면, 읽을 수 있는 부분까지 읽다가 잘 이해가 안 되고 힘들어지면 바로 다음 부분으로 넘어가기 바란다. 힘들다는 것이 더 큰 기쁨을 얻는 과정일 수 있지만, 그렇지 않을까 봐 염려되기 때문이다.

우선, 이 정리의 증명을 위해서 다음 보조정리를 증명하자.

보조정리
모든 다각형은 넓이가 같은 정사각형과 가위합동이다.

이 보조정리는 다음과 같은 네 단계로 나누어 증명할 수 있다.

I. 모든 다각형은 유한개의 삼각형으로 분해할 수 있다.
II. 삼각형은(삼각형의 밑변을 한 변으로 하는) 직사각형과 가위합동이다.
III. 직사각형은 정사각형과 가위합동이다.
IV. 두 정사각형을 조각낸 후 붙여서 큰 정사각형 1개를 만들 수 있다. (두 정사각형은 큰 정사각형과 분해합동이다.)

위의 각 단계별로 증명의 아이디어를 알아보자.

❖ 보조정리의 증명: I 단계

모든 다각형은 유한개의 삼각형으로 분해할 수 있다는 것은 다음 그림과 같이 다각형의 대각선을 이용하면 가능하다는 것을 알 수 있다.

❖ 보조정리의 증명: II 단계

삼각형이 직사각형과 가위합동, 즉 삼각형을 조각낸 후 붙여서 직사각형을 만들 수 있다는 것은 아래 그림을 보면 이해할 수 있을 것이다.

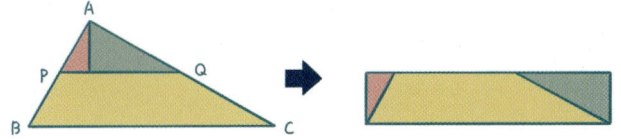

위 그림에서 점 P, Q는 각각 선분 AB, AC의 중점이다.

❖ 보조정리의 증명: III 단계

직사각형이 정사각형과 가위합동, 즉 직사각형을 조각낸 후 붙여서 정사각형을 만들 수 있다는 것은 아래 그림을 보면 이해할 수 있을 것이다.

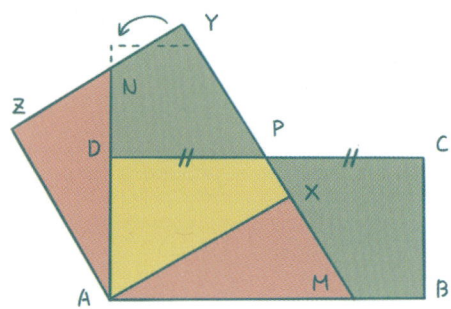

위 그림은 직사각형 ABCD를 조각낸 후 정사각형 AXYZ를 만드는 방법을 설명하고 있다. 위 그림에서 직사각형 ABCD의 넓이와 정사각형 AXYZ의 넓이는 같고, 점 P는 선분 DC의 중점이다.

❊ 보조정리의 증명: IV 단계

두 정사각형을 조각낸 후 붙여서 큰 정사각형 1개를 만들 수 있다는 것은 아래 그림을 보면 이해할 수 있을 것이다.

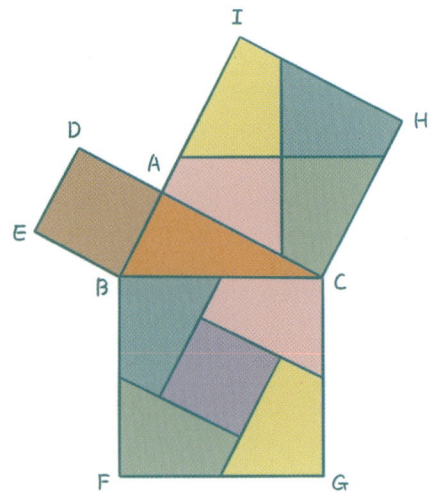

위 그림에서 삼각형 ABC는 직각삼각형(∠A = 90°)이다. 피타고라스 정리에 의하여 정사각형 BFGC의 넓이는 작은 두 정사각형 ADEB와 CHIA의 넓이의 합과 같다. 그리고 두 정사각형 중에서 큰 정사각형 CHIA를 조각낸 후 작은 정사각형 ADEB의 주위에 조각을 붙이면 가장 큰 정사각형 BFGC를 만들 수 있다.

이상의 네 단계로 보조정리를 증명하였다. 이제 보조정리를 이용하여 정리의 증명을 해보자.

정리의 증명

두 다각형 P와 Q의 넓이가 같다고 하자. 그러면 위 보조정리에 의하여 두 다각형 P, Q는 정사각형 P′, Q′과 각각 가위합동이다. 이때 두 정사각형 P′, Q′의 넓이는 같다. 다각형 P를 조각내어 정사각형 P′을 만들고, 다각형 Q를 조각내어 정사각형 Q′을 만들었는데, 두 정사각형 P′과 Q′의 조각이 다른 것이다. 이제 정사각형 P′이 잘려 있는 모양에다 Q′이 잘려 있는 방법대로 또 자른 정사각형을 R이라 하자. 그러면 R의 조각들로 정사각형 P′을 만들 수도 있고, Q′도 만들 수 있다. 따라서 두 다각형 P, Q는 가위합동이다. 이것으로 증명이 된다. ■

이 정리에 의하여 두 다각형의 넓이가 같으면 한 다각형을 적절하게 자르고 붙여서 다른 다각형이 되도록 할 수 있다. 그런데 두 다각형의 넓이가 다르면 어떻게 될까? 당연히 한 다각형으로 다른 다각형과 똑같이 만들 수는 없다. 그러나 **크기는 다르지만 같은 모양으로는 만들 수 있다.** 즉, 두 다각형 A, B가 있는데 다각형 B가 A보다 크다고 하자.

그러면 다각형 B를 적당히 축소해서 다각형 A와 넓이가 같도록 할 수 있다. 그 축소한 다각형을 B′이라 하자. 그러면 다각형 A와 B′의 넓이는 같기 때문에 다각형 A를 적절히 자른 후에 조립하면 다각형 B′을 만들 수 있다. 따라서 다각형 A로 다각형 B와 크기는 다르지만 모양은 같은 축소된 모양을 만들 수 있다.

마무리하며

두 다각형의 넓이가 같으면 한 다각형을 조각낸 후 조각들을 겹치지 않게 붙여서 다른 다각형을 만들 수 있다는 것을 보였다. 다각형의 조각들이 겹치지 않게 붙이기 때문에 전체 넓이는 당연히 변하지 않는다. 따라서 한 다각형을 자른 후 조립해서 다른 다각형을 만들었다면 두 다각형의 넓이는 당연히 같다. 그러므로 넓이가 같다는 조건은 두 다각형이 가위합동이기 위해 반드시 필요한 조건이다. 그런데 앞에서 증명한 것은 넓이가 같다는 필수적인 조건만 만족하면 가위합동이 된다는 것이다. 이런 점에서 그 결과는 대단한 것이라는 생각이 든다. 당연히 있어야 하는 조건 외에 추가의 인위적인 조건 없이 성립한다는 것을 증명했으니까 말이다.

수학자들이 어떤 연구 결과를 평가할 때 그 결과가 요구하는 조건이 적을수록, 약할수록, 그리고 자연스러울수록 더 가치 있는 것으로 평가하는 경향이 있다. 그 이유는 조건이 적고 약하다는 것은 그 결과를 적용할 수 있는 대상 또는 상황이 많다는 것을 뜻하기 때문이다. 예를 들어, 어떤 결과가 삼각형에 대하여 성립한다는 것보다는 모든 다각형에 대하여 성립한다는 것이 더 적용 범위가 넓으며, 그래서 더 가치 있다고 할 수 있다. 이런 이유로 수학자들은 어떤 연구 결과를 얻게 되면, 그 연구 결과에서 요구하는 조건을 약하게 하려고 더 노력하며 심지어는 조건을 없애려고까지 한다. 이런 모습은 작품의 완성도를 극대화하여 최고의 아름다움을 추구하는 예술가의 예술혼과 통한다고 하겠다.

03
한 다면체가 다른 다면체로 변신할 수 있을까

궁금해요

수진이와 선붕이는 정사각형을 자른 후 잘 조립해서 정삼각형을 만들 수 있었다.

이번에는 차원을 높여 정육면체를 평면으로 잘라 여러 조각으로 나눈 후, 조각들을 잘 조립해서 정사면체를 만들어 보기로 했다. 수진이와 선붕이는 과연 성공할 수 있을까?

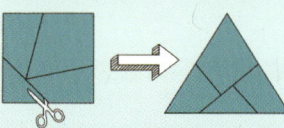

성장의 욕구

앞에서 다각형의 가위합동에 대한 연구를 만족스럽게 완수하고 나니 가슴 뿌듯한 느낌이 든다. 그런데 그런 뿌듯한 마음으로 한동안 지내다 보니 마음 한구석에서 이제까지 한 것에서 한 걸음 더 나아갈 수는 없을까 하는 생각이 조금씩 고개를 들게 된다.

앞에서 했던 과정에 대한 아이디어를 다른 것에 적용하여 발전시켜 본다거나, 그 결과를 확장시켜 더 강력하게 만들 수는 없을까 하는 생각이 드는 것이다. 이것은 하나의 큰 성취를 이룬 후 커다란 만족감과 기쁨을 충분히 누리고 나서, 그것에 머무르지 않고 더 발전하고 싶어 하는 자연스러운 성장의 욕구라고 볼 수 있다. 우리는 그런 성장의 욕구를 통해서 더 높은 단계로 발전하는 것이 아닌가 싶다.

그렇다면 앞에서 증명한 것에서 한 걸음 더 나아가는 방법, 즉 더 발전하게 하는 도전적인 질문은 어떤 것이 있을까?

가위합동 문제의 3차원으로의 일반화

어떤 결과 또는 명제를 일반화하거나 확장할 때 수학자들이 자주 사용하는 방법 중에 개수를 늘리거나 차원을 높이는 것이 있다. 개수를 늘리는 것은 양적인 변화라고 할 수 있고, 차원을 높이는 것은 질적인 변화라고 할 수 있다. 개수를 늘리는 양적인 변화의 예로는 삼각형에서 성립하는 것을 사각형, 오각형과 같이 삼각형의 '삼'을 '사', '오' 등으로 변화시키는 것이 있다. 차원을 높이는 질적인 변화의 예로는 2차원 평면에서 성립하는 것을 3차원 공간으로 확장하는 것을 들 수 있다. 가령, '평면'도형인 삼각형에서 성립하는 성질을 사면체 또는 육면체와 같은 '공간'도형으로 확장하는 것이다.

차원을 높여 질적인 변화를 주는 것은 매우 도전적인 작업이다. 차원이 높아지면, 문제의 난도는 급격하게 높아지고, 낮은 차원에서 볼 수 없었던 새로운 현상이 나타나고, 낮은 차원에서 성립하던 성질이 높은 차원에서는 성립하지 않게 되는 경우도 있다.

앞에서 증명했던 '두 다각형의 넓이가 같으면 가위합동이다'라는 결과를 차원을 높여 질문해 보자. 앞에서의 문제는 2차원 평면도형 문제인데, 이것을 차원을 높여 공간도형 문제로 바꾸면

'한 다면체를 작은 다면체들로 조각낸 후 겹치기 않게 조립하여 다른 다면체를 만들 수 있겠는가?'

라는 문제가 된다. 그리고 앞에서 증명했던 명제 '두 다각형의 넓이가 같으면, 두 다각형은 가위합동이다.'는 명제를 3차원으로 차원을 높이면 다음과 같이 된다.

> **질문**
> 두 다면체의 부피가 같으면, 한 다면체를 작은 다면체들로 조각낸 후 조립하여 다른 다면체를 만들 수 있을까?

평면도형에서 가위합동을 정의한 것과 같이, 공간도형에서도 비슷하게 용어를 정의할 수 있는데, 한 입체도형을 평면으로 자른 후 조각들을 조립하여 다른 입체도형을 만들 수 있을 때, 두 입체도형이 **분해합동**이라고 하자. 그러면 이 용어를 이용하여 위 질문을 다음과 같이 간단하게 표현할 수 있다.

> **질문**
> 부피가 같은 두 다면체는 분해합동인가?

힐베르트 문제

2차원에서 성립했으니까, 3차원에서도 당연히 성립할 것이라고 단순하게 생각할 수 있겠지만, 사실 이 문제는 그리 간단한 문제가 아니다. 20세기 초 독일의 가장 위대한 수학자 중 한 명인 힐베르트David Hilbert가 1900년 8월 8일 파리에서 개최된 세계수학자대회에서 앞으로 20세기에 수학계가 해결해야 할 중요한 문제 23개의 목록을 제시하였다.[4] 그때 힐베르트가 제시한 23문제 중에서 이 문제가 세 번째 문제였다.

---

[4] 힐베르트가 1900년 8월 8일에 했던 강연에서 제시했던 문제는 10문제였다. 그러나 1902년에 《미국수학회연보(Bulletin of the American Mathematical Society)》에 게재된 글에는 23문제가 제시되었다. 그래서 이 23개의 문제를 힐베르트의 문제라고 말한다.

 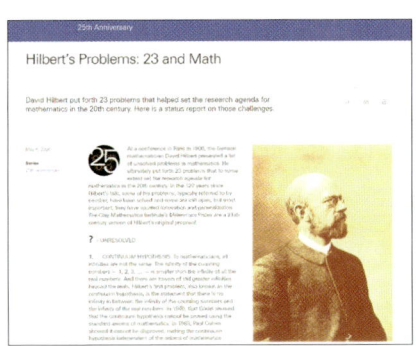

힐베르트　　　　　　사이먼 재단(Simons Foundation) 홈페이지

　중·고등학생이나 일반인들도 증명을 이해할 수 있는 2차원 평면에서 성립하는 명제를 단지 차원을 3차원으로 높여서 바꿨을 뿐인데, 그 문제가 당대 최고의 수학자가 향후 수학계가 해결할 문제 중의 하나로 제시할 정도로 어마어마한 문제라는 것이 놀랍지 아니한가? 이처럼 낮은 차원에서 성립하는 성질을 차원을 높였을 때 성립하는지 묻는 것은, 질문을 만들기는 쉽지만 그 질문의 난도와 수준이 엄청나게 높아지는 경우가 많다.

1990년 프랑스 파리에서 개최된 세계수학자대회

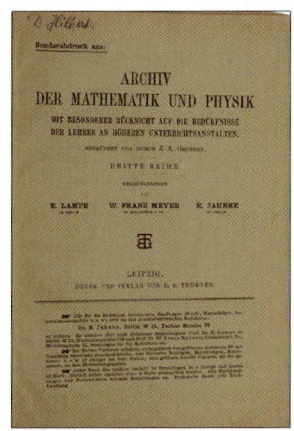
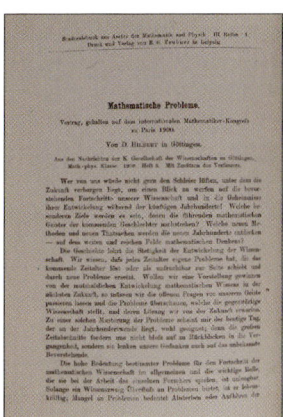

1900년 파리에서 개최된 세계수학자대회 힐베르트의 연설의 첫 번째 출판물
〈수학문제(Mathematische Probleme)〉[5]

3차원 가위합동 문제의 중요성과 해결

 힐베르트는 왜 이 문제에 대하여 관심을 가졌고, 왜 이 문제가 수학계가 해결해야 할 중요한 문제라고 제시했을까? 이유 중의 하나는 이것이 성립한다면, 다면체의 부피에 대한 쉬운 증명을 얻을 수 있기 때문이다. 가우스Johann Carl Friedrich Gauss, 1777~1855는 "밑넓이가 같고 높이도 같은 두 삼각뿔은 분해합동인가?"라는 질문을 하였고, 만약 이 질문에 대한 답이 긍정적이면 에우독소스Eudoxus of Cnidus, BC 408~355의 무한소 또는 고갈법을 사용하지 않고 '밑넓이가 같고 높이가 같은 두 삼각뿔의 부피가 같음'을 보일 수 있다.[6]

---

5 Archiv der Mathematik und Physik, 3. Reihe, 1. Band, 1901.
6 김명환·김홍종·김영훈 (2000). 현대수학입문-힐베르트 문제를 중심으로. 경문사.

덴   덴의 논문 첫 쪽

　이 문제는 힐베르트의 제자 덴Max Wilhelm Dehn, 1878~1952이 1902년에 발표한 논문에서 "직육면체와 정사면체는 분해합동이 아니다"는 것을 보임으로써 '아니오'라는 것으로 해결되었다. 덴이 이 문제를 해결하면서 이 문제는 힐베르트의 23개 문제 중에 가장 먼저 해결된 문제가 되었고, 덴은 힐베르트의 문제를 풀거나 부분적으로 공헌한 '우등생들'

 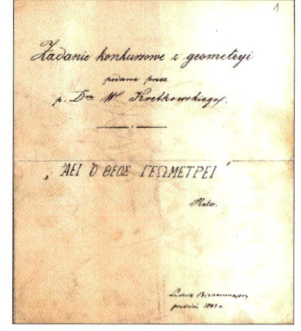

비르켄마예르   비르켄마예르가 제출한 풀이의 표지

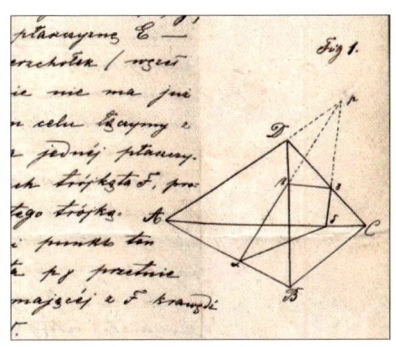

비르켄마예르의 풀이 중 일부

이라고 불리는 모임의 첫 번째 멤버가 되었다.

그런데 힐베르트와 덴은 모르고 있었지만, 힐베르트의 세 번째 문제는 독립적으로 1882년에 쿠라쿠프 예술 과학 아카데미the Academy of Arts and Sciences of Kraków에 의하여 개최된 수학경시대회에 크레트코브스키Władysław Kretkowski가 출제하였고, 당시에 28세의 수학교사였던 비르켄마예르Ludwik Antoni Birkenmajer, 1855~1929가 덴과 다른 방법으로 풀었다. 비르켄마예르는 자신의 결과를 출판하지 않았으며, 그의 풀이는 그의 원래 풀이를 포함하고 있는 책자가 수년 후에 다시 발견되었다.

3차원 가위합동 문제에 대한 덴의 증명

3차원 가위합동 문제에 대한 덴의 증명은 전문적인 수학 내용으로 이루어져 있어서 비전공자가 이해하기에는 너무 어려우며, 비전공자의 경우 이 증명을 굳이 알아야 할 필요도 없을 것으로 생각된다. 그렇지만 덴의 정리에 대해 궁금하신 분들은《현대수학입문》[7] 70~72쪽을 참고하면 좋을 것으로 생각된다. 이 책에서 덴의 정리의 개략적인 증명을 최대한 이해하기 쉽게 풀어서 설명하였다.

덴은 다면체 P에 대하여 '**덴 불변량**Dehn Invariant'이라 부르는 값을 정의하였고, 기호로는 $D(P)$로 나타내었다. 이 값은 다면체의 각각의 모서리에 대하여 모서리의 길이와 그 모서리에서 만나는 두 면이 이루는 이면각의 쌍의 합으로 이루어져 있다. 이 값을 불변량이라고 부르는 이유는 다면체를 분해합동이 되도록 변형하더라도 이 값은 변하지 않는 즉 불변이기 때문이다. 덴이 증명한 결과는 다음과 같다.

> **정리**
>
> 두 다면체 P와 Q가 분해합동이면 $D(P)=D(Q)$이다.

따라서 두 다면체 P와 Q에 대하여 $D(P) \neq D(Q)$이면 P와 Q는 분해합동이 아니다. 또한 덴은 부피가 같은 정육면체 P와 정사면체 Q에 대하여 각각 덴 불변량을 계산하였고, $D(P) \neq D(Q)$임을 보였다. 이것으로 부피가 같은 정육면체와 정사면체는 분해합동이 아니라는 것이 증명되고, 힐베르트의 세 번째 문제가 참이 아님이 증명되었다.

이후에도 이 분야에 대한 연구는 계속되었으며, 1965년에 시들러 Jean-Pierre Sydler, 1921~1988는 3차원 다면체에 대하여 분해합동은 덴 불변량과 부피에 의하여 완전히 결정됨을 증명하였다. 즉, 3차원 다면체가

---

[7] 김명환·김홍종·김영훈 (2000). 현대수학입문-힐베르트 문제를 중심으로. 경문사. 이 책의 부제가 '힐베르트 문제를 중심으로'이듯이 힐베르트 문제들에 대하여 이해하기 쉽게 설명하였다.

분해합동일 필요충분조건은 두 다면체의 부피와 덴 불변량 값 모두 같은 것이다. 두 다면체의 부피가 같고, 덴 불변량의 값이 같으면 두 다면체는 분해합동이다.

그런데 부피가 같고 덴 불변량이 같으면 가위합동이 되는 것은 3차원에서만 성립한다. 4차원 이상에서는 두 입체도형의 부피가 같고, 덴 불변량의 값이 같더라도 분해합동이 아닐 수 있다. 4차원 이상의 고차원에서 두 입체도형이 분해합동이기 위해서는 부피가 같고 덴 불변량 값이 같다는 것에 더하여 다른 조건이 추가되어야 한다. 그래서 4차원 이상에서 어떤 조건이 추가되어야 가위합동이 되는지가 매우 궁금한 문제가 된다. 그러나 그 조건이 무엇인지는 아직 미해결 상태이며, 3차원에서 부피와 함께 분해합동을 결정하는 덴 불변량과 같은 것이 4차원 이상에서는 어떤 것이 있는지 아직 미해결 문제이다. 이 문제에 대하여 궁금한 독자가 있다면, 독자의 호기심에 격려를 보낸다. 여러분의 궁금증은 현재 미지의 세계이며, 여러분이 그 세계에 첫발을 내딛기를 기원한다.

◐◑◖ 2차원에서는 성립하지만
3차원에서는 성립하지 않는 성질의 예

앞에서 어떤 성질이 2차원에서는 성립하지만, 차원이 3차원 또는 그 이상으로 높아지면 성립하지 않는 경우가 종종 있다고 하였다. 그런 예를 하나 소개하려고 한다.

✤ 정사각형을 작은 정사각형으로 분해하기

큰 정사각형을 작은 정사각형들로 분해할 수 있느냐는 질문인데, 이 질문에서 중요한 부분은 '작은 정사각형들의 크기가 모두 다르다'는 조건이다. 작은 정사각형들의 크기가 같아도 된다면, 큰 정사각형을 작은 정사각형들로 분해하는 것은 너무 쉽다. 아래 그림의 체스판을 보면 큰 정사각형이 8×8=64개의 작은 정사각형으로 나뉘어져 있다. 그러므로 작은 정사각형의 크기가 모두 다르다는 조건은 반드시 필요하다.

체스판

'정사각형을 작은 정사각형으로 분해하는 문제'는 처음에는 '사각형을 작은 정사각형으로 분해하는 문제'로부터 시작되었다. 그리고 사각형을 정사각형으로 분해하는 문제는 1902년 런던 매거진The London Magazine 7호에 '이사벨 양의 상자Lady Isabel's Casket로 소개되었으며, 이것이 사각형을 정사각형으로 분해하는 문제가 최초로 공식적으로 발표된 것이다.

사각형을 정사각형으로 분해하는 문제에 대하여 연구한 최초의 수학자는 덴Max Wilhelm Dehn이며, 그는 괴팅겐Göttingen 대학교에서 힐베르트의 지도로 1900년에 박사학위를 받았다. 덴은 사각형을 정사각형으로 분해하는 문제를 연구하였으며, 1903년에 다음 결과를 증명하였다.

> **정리**
>
> **정사각형들을 붙여 큰 사각형을 만들었다면, 정사각형들의 가로, 세로의 길이와 큰 사각형의 가로, 세로의 길이는 모두 어떤 수의 정수배이어야 한다.**

위 정리의 어떤 수를 a라 하고, a가 정수가 아니라고 하자. 사각형의 크기를 적당히 조절하여 a가 정수가 되도록 만들면 (작은) 정사각형의 가로, 세로와 큰 사각형의 가로, 세로가 모두 정수 a의 정수배이므로 정수가 된다. 따라서 큰 사각형을 작은 정사각형들로 분해하는 문제를 생각할 때, (작은) 정사각형의 가로, 세로의 길이와 큰 사각형의 가로, 세로의 길이가 모두 정수라고 가정해도 된다.

❈ 큰 정사각형을 작은 정사각형으로 분해하기

● 사각형을 작은 정사각형으로 분해하기

사각형을 작은 정사각형들로 분해하는 문제를 처음으로 해결한 것은 1909년 모론Z. Moron으로, 그는 처음으로 32×33 크기의 사각형을 다음과 같이 한 변의 길이가 각각 1, 4, 7, 8, 9, 10, 14, 15, 18인 정사각형 9개로 분해하였다.

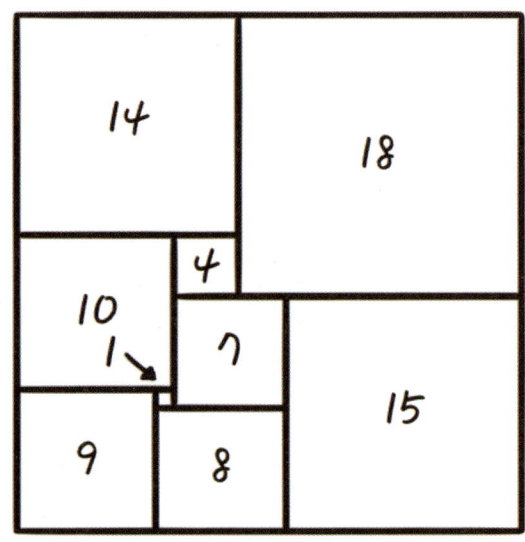

● 정사각형을 작은 정사각형으로 분해하기 Squaring the Square

정사각형을 작은 정사각형으로 분해하는 방법은 스프라게Roland Sprague가 1939년에 처음으로 발견하였다. 그는 한 변의 길이가 4205인 정사각형을 작은 정사각형 55개로 분해하는 방법을 찾았으며, 구체적으로는 다음 그림과 같다.

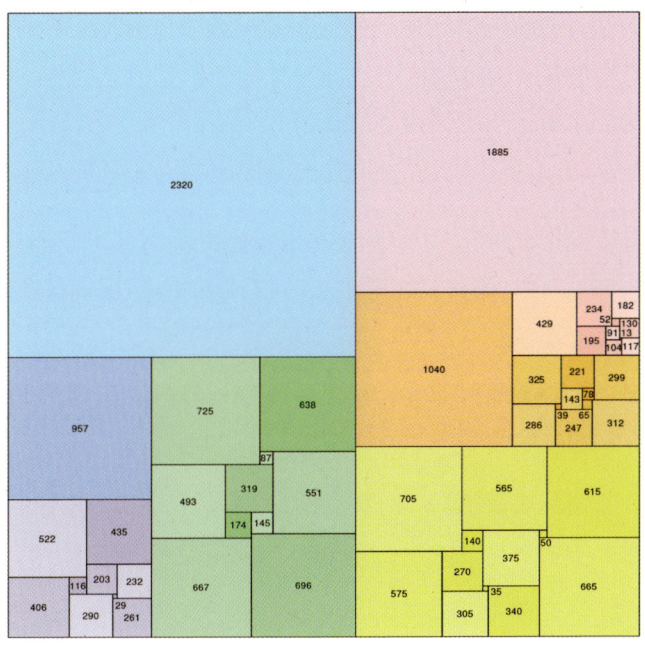

그런데 이 방법은 약간의 흠결을 갖고 있다. 그 흠결이란 다름 아니라 위 그림과 같이 분해하는 것은 분해된 모양 중에 직사각형이 분해된 것이 있다는 점이다. 즉, 사각형을 작은 정사각형으로 분해한다는 시각에서 봤을 때, 더 작은 분해를 포함하고 있다는 것은 완벽함을 추구하는 수학자들의 관점에는 미완이라 하지 않을 수 없기 때문일 것이다.

이후 정사각형을 크기가 서로 다른 작은 정사각형으로 분해하는 방법에 대하여 여러 가지 방법이 발견되었는데, 연구의 방향은 작은 정사각형의 개수가 가장 적게 되도록 분해하는 방법이 무엇이냐는 문제가 가장 큰 관심을 끌었다.

작은 정사각형의 개수에 대해서는 1962년에 다위베스테인Duijvestijn이 정사각형을 서로 다른 작은 정사각형으로 분해할 때Simple Perfect Squared Square 작은 정사각형의 개수가 21개보다 적을 수 없음을 보였다. 즉, 정사각형을 크기가 서로 다른 작은 정사각형으로 분해했다면, 작은 정사각형의 개수는 21개 이상이어야 한다는 것이다. 따라서 과연 작은 정사각형 개수가 21개가 되는 분해 방법이 있느냐는 것이 중요한 문제가 되었다.

이 문제는 다위베스테인이 1978년 3월 22일 DEC-10 컴퓨터를 이용하여 한 변의 길이가 112인 정사각형을 작은 정사각형 조각 21개로 분해하는 방법을 발견함으로써 해결되었으며, 또한 정사각형을 작은 조각 21개로 분해하는 것은 이 방법밖에 없음을 보임으로써 완전히 해결되었다. 이 분해 방법은 트리니티 수학회Trinity Mathematical Society의 로고로 사용되고 있고, 조합론 회보Journal of Combinatorial Theory의 표지에도 사용되고 있다.

트리니티 수학회 홈페이지   조합론 회보 표지

그런데 위의 문제를 3차원으로 일반화하면 다음과 같은 질문이 될 것이다.

> **질문**
>
> 큰 정육면체를 크기가 모두 다른
> 작은 정육면체들로 분해할 수 있겠는가?

그런데 3차원에서는 성립하지 않음이 1940년에 브룩스Brooks, R. L., 스미스Smith, C. A. B., 스톤Stone, A. H., 튜트Tutte, W. T.에 의하여 증명되었다.[8] 그리고 3차원뿐만 아니라 4차원 이상에서도 역시 성립하지 않음이 증명되었다.

결론적으로 큰 정사각형을 크기가 모두 다른 작은 정사각형으로 분할하는 문제는 2차원에서만 성립하고 3차원 이상의 고차원에서는 성립하지 않는 것으로 완전히 해결되었다.

마무리하며

영화 트랜스포머에서 주인공 로봇이 여러 가지 모양으로 변신하는 것을 보며 한 도형을 조각낸 후 다시 조립해서 다른 도형을 만들 수 있는지 궁금하게 되었고, 유명한 칠교판 놀이에서 만들 수 있는 모양과 만들 수 없는 모양에 대해 알아보았다. 그리고 발상의 전환을 통해

---

8 Brooks, R. L.; Smith, C. A. B.; Stone, A. H.; Tutte, W. T. (1940). "The dissection of rectangles into squares". Duke Math. J. 7 (1): 312-340.

마음대로 자르는 것으로 조건을 변형하고, 나아가 차원을 높여 질문함으로써 사고의 질적 수준을 한 차원 높이는 작업을 하였다.

이 과정 전체의 세부적인 내용까지 다 이해하며 따라온 독자도 있고 그렇지 않은 독자도 있을 것이다. 그렇지만 설령 세세한 내용까지 다 이해하지는 못했다 하더라도 사고의 전개 과정, 특히 문제를 생각하고 일반화하고 발전시켜가는 전체적인 과정의 흐름은 어느 정도 따라오며 함께 느꼈으면 좋겠다는 바람이 든다. 왜냐하면 핵심적인 아이디어가 무엇이며 사고가 전개되고 발전하는 과정을 이해하는 것이 더 중요하고 가치 있다고 생각하기 때문이다.

흔히 계산을 잘하면 수학을 잘하는 것이고, 계산이 서툴면 수학을 못하는 것으로 생각하는 경향이 있는 것 같다. 그러나 이것은 완전히 잘못된 생각이다. 구체적으로 문제를 해결하기 위해 계산할 수 있어야 하겠지만[9], 계산보다 우선되고 중요한 것은 앞에서처럼 문제를 생각하고 질문하고 발상의 전환을 하며 사고의 수준을 높여나가려고 노력하는 태도이다. 이런 태도가 수학적 역량의 가장 중요한 요소 중의 하나라고 생각한다.

그런 태도는 수학에만 국한되어서는 안 되고, 우리 일상의 삶과 태도에도 적용되고 확산되어야 한다. 누구나 자신이 일상 중에 하고 있는 일이 있고, 그 일을 하는 방식이 있을 것이다. 학생들의 경우 과목별로 공부하는 방식이 있을 것이고, 가정주부의 경우 가사 일을 하는

---

9 계산을 빨리할 필요도 없다. 할 수 있으면 된다. 반복해서 하다 보면 익숙해지고 자연스럽게 빨리 할 수 있게 되기 때문이다. 게다가 공학도구가 발달하면서 단순 계산은 공학도구를 이용하게 되는 경우가 많아지고 있다. 계산을 빨리하는 것의 가치와 필요성은 줄어들고 있으며, 질문하고 생각하고, 발상의 전환과 사고를 진전시키는 것의 중요성이 갈수록 커지고 있다.

방식이 있을 것이고, 직장인이라면 직장에서 담당하는 일과 방식이 있을 것이며, 운동선수라면 연습하고 훈련하는 방식이 있을 것이다. 이런 일들과 일을 하는 방식에 대해 우리는 각자 지금 하고 있는 방식이 최선인지, 더 좋은 방법은 없는지, 발상의 전환을 통해 개선할 부분은 없는지, 더 높은 차원으로 혁신적으로 개선할 것은 없는지 살펴보고 방법을 찾으려고 애쓰는 태도를 갖춰야 할 것이다. 그렇게 하는 것이 수학적 태도를 제대로 활용하는 것이며, 수학을 통해 자신의 삶을 개선하는 것이라 할 수 있을 것이다.

수학은
생활이다

01. 수학은 편리함이다
02. 영화관 명당 자리는 어디일까?
03. 병에 걸렸다고 진단받았을 때 진짜로 병에 걸렸을 확률은?

수학은 시험 볼 때나 어려운 이론을 연구할 때만 필요한 것이 아니다. 우리 일상생활 중의 크고 작은 많은 곳에 활용되고 있으며, 수학으로 우리의 일상생활을 편리하게 할 수 있다.

　아파트 넓이 몇 제곱미터가 몇 평인지, 무게 몇 파운드가 몇 킬로그램인지 간단하게 환산할 수 있으며, 영화관 명당자리가 어디인지, 광화문 이순신 장군 동상을 가장 잘 볼 수 있는 곳이 어디인지 알 수 있다. 그리고 병에 걸렸는지 검사를 받아서 양성으로 판정받았을 때, 실제로 그 병에 걸렸을 확률이 얼마나 되는지도 알 수 있다.

　이런 것들에 대하여 알아두고 일상 중에 편리하게 활용하자.

01
수학은 편리함이다

궁금해요

- 뉴스에서 아파트 넓이를 몇 제곱미터라고 말하니까 얼마나 넓은지 알 수가 없어요. 제곱미터를 평으로 암산으로 바꾸는 방법이 있으면 좋겠어요.
- 바지나 치마 살 때 치수가 cm로 되어 있어서 사이즈를 짐작하기 어려워요. 암산으로 간단하게 cm를 inch로 환산하는 방법이 있으면 좋겠어요.
- 무게를 파운드로 얘기하는 경우가 있는데 파운드를 킬로그램으로 간단하게 암산으로 환산하는 방법이 있으면 좋겠어요.

◉◑◐ 제곱미터를 평으로 환산하는 간단한 방법이 있을까?

✿ 아파트 넓이를 제곱미터 단위로 말하면 너무 불편해

A씨는 아파트 분양 관련 기사를 보다가 아파트 넓이가 모두 제곱미터(m^2)로 표시되어 있어서 매우 당황스러웠다. 몇 평이라고 하면 쉽게 감이 오는데, 몇 제곱미터라고 하니까 넓이를 짐작하기가 어려웠기 때문이다.

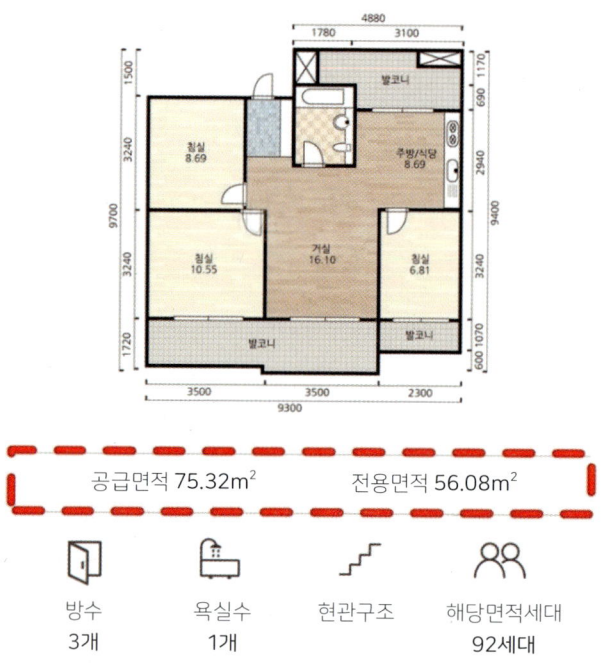

위 광고에서 75.32제곱미터면 몇 평일까? 56.08제곱미터는 또 몇 평일까? 제곱미터를 평으로 간단하게 환산할 수 있는 방법은 없을까?

2007년 7월 1일부터 〈계량에 관한 법률〉 2조 제1항에 따라 '평'단위를 사용하지 않게 되었다. 그래서 공식적으로는 아파트 넓이를 몇 평이라고 하지 않고 몇 제곱미터라고 표기한다. 그러나 아직도 일상생활 중에는 평을 사용하고 있으며, 특히 아파트의 경우 넓이가 몇 제곱미터라고 말하면 어느 정도 넓은 건지 감을 잡기 어렵다. 제곱미터로 표기되어 있는 경우 평으로 환산해야 비로소 어느 정도 넓이인지 감을 잡게 된다. 그런데 제곱미터를 평으로 환산하는 것이 쉬운 일이 아니다. 그래서 많은 사람들이 제곱미터만 보면 매우 불편해한다.

❇ 제곱미터를 평으로 환산하는 간편한 방법

물론 스마트폰의 앱을 이용하면 몇 평인지 계산할 수 있지만, 그렇게 하는 것이 귀찮게 느껴질 때가 많다. 그래서 제곱미터로 표시되어 있을 때, 몇 평인지 암산으로 간단하게 환산하는 방법을 소개하려고 한다.

> 제곱미터(m^2)를 평으로 환산하는 비법
> I. 제곱미터의 1의 자리에서 반올림을 한 후에 1의 자리의 0을 지운다.
> II. 위에서 얻은 값에 3을 곱한 값이 평이다.

예를 들어, 127m²라고 하자.

I. 127을 1의 자리에서 반올림하면 130이 되고, 1의 자리의 0을 지우면 13이 된다.
II. 위에서 얻은 13에 3을 곱하면 39가 된다. 따라서 127m²는 약 39평이 된다.

위에서 간편하게 계산해서 39평이 나왔는데, 이 값의 오차가 얼마나 되는지 확인해보자. 1평은 3.3m²이므로, 127m²를 평으로 정확하게 계산하면 $\frac{127}{3.3}$, 약 38.5평이다. 따라서 오차가 0.5평이다. 간단하게 암산으로 계산해서 구한 값이 오차가 1평도 안 되니까 너무 만족스럽다.

그러면 이제 평으로 간단하게 환산하는 방법을 연습해보자.

연습

1. 58m²는 몇 평?	18평 (정확히는 약 17.6평)
2. 82m²는 몇 평?	24평 (정확히는 약 24.8평)
2. 147m²는 몇 평?	45평 (정확히는 약 44.5평)

❈ 제곱미터를 평으로 환산하는 비법의 원리

앞에서 소개한 비법은 어떻게 얻은 것일까? 왜 그 비법대로 계산하면 되는지 계산 원리를 알아보면 다음과 같다.

$$A \text{제곱미터} = \frac{A}{3.3} \text{평} = \frac{A \times 3}{3.3 \times 3} \text{평} = \frac{A \times 3}{9.9} \text{평} \fallingdotseq \frac{A \times 3}{10} \text{평} = \frac{A}{10} \times 3 \text{평}$$

위의 계산 원리를 살펴보면, $\frac{A}{3.3}$는 암산하기 어려우니 약간 변형한다. $\frac{A}{3.3}$는 $\frac{A \times 3}{3.3 \times 3}$과 같고, $\frac{A \times 3}{3.3 \times 3} = \frac{A \times 3}{9.9}$이고, $\frac{A \times 3}{9.9}$를 $\frac{A \times 3}{10}$으로 근사시켰는데, 이것이 핵심 아이디어이다.

그런데 위의 원리에 따르면 제곱미터에 3을 곱한 후에 10으로 나누는 값이 좀 더 정확한 값이다.

3을 곱한 후에 10으로 나누는 것과, 반올림한 후에 1의 자리의 0을 지우고 3을 곱하는 것과의 값의 차이를 살펴보면 다음과 같다.

3을 곱한 후 10으로 나누는 방법	정확한 값	반올림 한 후 1의 자리 0을 지우고 3을 곱하는 방법
58 → (× 3) → (÷10) 174 ⇒ 17.4평	17.58평	58 → 6 × 3 = 18평
82 → (× 3) → (÷10) 246 ⇒ 24.6평	24.85평	82 → 8 × 3 = 24평
147 → (× 3) → (÷10) 441 ⇒ 44.1평	44.55평	147 → 15 × 3 = 45평

위의 결과를 보면, 두 가지 방법의 차이가 별로 없다. 따라서 원래 값에 3을 곱하는 계산이 쉽지 않다는 점과 반올림한 후에 3을 곱하는

비법으로 계산한 값이 별로 차이가 없다는 점을 감안하면, 비법이 더 실용적이라고 하겠다. 정확성을 약간 양보한 대신에 계산의 편리함을 얻은 실용적인 선택이다. 일상생활 중에는 이 방법으로 간편하게 평으로 환산하여 대략적인 감을 잡고, 정확한 값이 필요한 경우에는 스마트폰의 앱을 이용하여 구하면 될 것이다.

센티미터를 인치로 바꾸는 간단한 방법이 있을까?

일상생활 중에 단위의 환산이 필요한 것 중에 센티미터cm를 인치inch로 환산하는 것이 있다. 바지 또는 치마의 허리 사이즈가 센티미터로 표기되어 있는 경우가 많은데, 이런 경우 어느 정도 크기인지 짐작하기 어렵다. 따라서 센티미터를 인치로 환산해야 하는데, 1인치는 약 2.54cm이기 때문에 환산하는 것이 쉬운 일이 아니다.

센티미터를 인치로 환산하는 간편한 비법

센티미터를 인치로 환산하는 쉽고 편리한 방법을 소개하려고 한다.

> **센티미터(cm)를 인치(inch)로 환산하는 비법**
> I. 센티미터에 4를 곱한다.
> II. 위에서 얻은 값을 10으로 나누어 얻은 값이 인치이다.

예를 들어, 72cm라고 하자.
I. 72에 4를 곱하면 288이다.
II. 위에서 얻은 288을 10으로 나누면 28.8이 된다. 따라서 72cm는 28.8인치 약 29인치가 된다.[1]

몇 개의 예를 통해 연습해보자.

> **연습**
> 1. 83cm은 몇 인치인가? 답: 33.2인치, 약 33인치
> 2. 65cm는 몇 인치인가? 답: 26인치

위의 비법의 원리는 다음과 같다.

$$B \text{센티미터} = \frac{B}{2.5} \text{인치} = \frac{B \times 4}{2.5 \times 4} \text{인치} = \frac{B \times 4}{10} \text{인치}$$

위의 계산 원리에서 계산의 편의를 위하여 1인치를 2.5cm로 계산하였다.

---

1 288을 1의 자리에서 반올림한 후, 1의 자리의 0을 지워도 된다. 즉, 288을 반올림하면 290이 되고, 1의 자리의 0을 지우면 29가 되어, 약 29인치가 된다.

◉◎◖ 파운드를 킬로그램으로 바꾸는 간단한 방법이 있을까?

일상생활 중에 무게가 킬로그램이나 그램이 아니라 파운드로 주어지는 경우가 종종 있다. 외국 운동 경기에서 선수의 몸무게가 파운드로 소개되고, 수입한 물건의 무게가 파운드로 적혀 있으며, 볼링공의 무게도 파운드로 표시되어 있다. 무게가 몇 파운드라고 하면 그게 얼마나 무거운 것인지 짐작이 안 된다. 그래서 파운드를 킬로그램으로 환산해야 하는데, 환산하는 것이 간단하지 않다. 물론 스마트폰의 앱이나 계산기를 사용하면 되지만, 그게 귀찮을 때가 많다. 그래서 파운드를 킬로그램으로 간단하게 환산하는 방법이 있으면 좋겠다.

🟢 파운드를 킬로그램으로 환산하는 간편한 비법

1파운드^{lb}는 약 0.45kg이다. 따라서 파운드를 킬로그램으로 환산하려면 0.45를 곱하면 된다. 그런데 0.45 곱하는 것을 계산기 없이 하는 게 쉬운 일이 아니다. 그런데 암산으로 간단하게 할 수 있는 놀라운 비법이 있다.

> **파운드(lb)를 킬로그램(kg)으로 환산하는 비법**
>
> I. 파운드를 2로 나눈다.
>
> II. 위에서 얻은 값에서 10%를 뺀다.

예를 들어, 64파운드라고 하자.

I. 64를 2로 나누면 32이다.

II. 위에서 얻은 값 32의 10%는 약 3이다. 32에서 3을 빼면 29이다.

따라서 64파운드는 약 29kg이다.

64파운드는 정확하게 64×0.45= 28.8kg이므로, 위의 방법으로 간단하게 구한 값 29kg은 정확한 값과 거의 비슷하다. 이 정도 정확도면 만족스럽고 아무 문제 없다.

이제 실생활에서 능숙하게 써먹을 수 있도록 연습을 몇 개 해보자.

> **연습**
>
> 1. 38파운드는 몇 kg일까?
>
>   38 → 19 → 19-2 = 17
>
>   따라서 38파운드는 약 17kg이다.
>
>   (38×0.45=17.1, 따라서 38파운드는 정확하게는 17.1kg이다.)
>
> 2. 128파운드는 몇 kg일까?
>
>   128 → 64 → 64-6=58
>
>   따라서 38파운드는 약 58kg이다.
>
>   (128×0.45=57.6, 따라서 128파운드는 정확하게는 57.6kg이다.)

❈ 계산 순서를 바꿔도 돼요!

환산할 때 나누기 2를 하고 10%를 빼면 된다고 했는데, 가끔 나누기 2가 먼저인지 10% 빼는 것이 먼저인지 헷갈릴 때가 있을 것 같다. 그런데 뭐가 먼저인지 아무 걱정할 필요가 없다. 나누기 2 하는 것과 10% 빼는 것을 순서에 상관없이 아무렇게나 해도 된다.

확인해보자.
38파운드의 경우, 나누기 2를 먼저 해서 계산한 결과는 17kg이었다.
10%를 먼저 빼면: 38-4=34 이다.
34를 2로 나누면 17이다. 그래서 똑같다는 것을 확인할 수 있다.

순서를 바꿔서 계산해도 똑같은 이유

순서를 바꿔서 계산해도 똑같은 이유가 궁금한 독자를 위해, 그 이유를 알아보자.

우선 x파운드라 하자. x를 2로 나누는 것은 $x \div 2$ 이다.
이 값에서 10%를 빼는 것은 곱하기 0.9 하는 것과 같다. 따라서 위 값에서 10%를 빼는 것은 다음과 같다.

$$(x \div 2) \times 0.9 = (x \times \frac{1}{2}) \times 0.9 = x \times \frac{1}{2} \times 0.9 \quad \cdots (1)$$

한편 순서를 바꿔서, 10%를 먼저 빼고, 나누기 2를 하는 것은 다음과 같다.

$$(x \times 0.9) \div 2 = (x \times 0.9) \times \frac{1}{2} = x \times \frac{1}{2} \times 0.9 \quad \cdots (2)$$

위의 계산 (1)과 (2)는 같은 값이으로, 순서를 바꾸도 똑같다는 것을 알 수 있다.

●◐◑ 브래지어 사이즈 80A에서 80과 A는 각각 무슨 뜻이지?

여자 브래지어 사이즈를 말할 때 75A, 80B와 같이 얘기한다. 이때, 숫자 75, 80은 무슨 뜻이고, 알파벳 A, B는 무슨 뜻일까?

❈ 브래지어 사이즈 측정법

브래지어 사이즈 측정의 원리는, 밑가슴둘레와 윗가슴둘레를 각각 측정하고, 윗가슴둘레(바스트 사이즈)와 밑가슴둘레(밴드 사이즈)의 차이를 이용해서 사이즈를 표시하는 것이다.

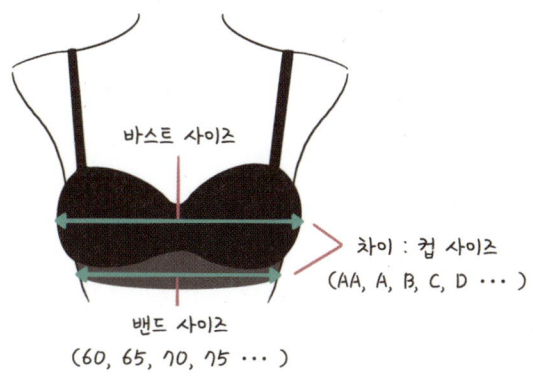

브래지어 사이즈 75A에서 75는 밑가슴둘레가 75cm라는 뜻이고, A는 윗가슴둘레와 밑가슴둘레의 차이, 즉 컵 사이즈가 A라는 뜻이다. 즉, 밑가슴둘레는 숫자를 쓰고, 컵 사이즈는 라틴 문자 A, B, C, D 등으로 나타낸다.

예를 들어, 밑가슴둘레가 75cm이고 윗가슴둘레가 85cm라고 하자. 밑가슴둘레를 먼저 쓰니까, 75가 된다. 그리고 컵 사이즈를 써주는데,

컵 사이즈는 '[윗가슴둘레] - [밑가슴둘레]'로 계산하고, 이 경우 85cm - 75cm = 10cm이다. 차이가 10cm이면 컵 사이즈는 A로 나타낸다. 따라서 밑가슴둘레가 75cm이고 윗가슴둘레가 85cm이면 브래지어 사이즈는 75A가 된다.

기본적인 원리는 위의 설명과 같은데, 좀 더 자세하게 설명하면 다음과 같다.

먼저, 밑가슴둘레는 65, 70, 75와 같이 5cm 간격으로 표준화해서 나타낸다. 그리고 컵 사이즈는 10cm 차이가 나면 A로 하고, 그것을 기준으로 해서, 2.5cm(약 1인치) 간격으로 표준화했다. 그래서 A보다 2.5cm 큰 범위 안에 있으면 B이고, B보다 2.5cm 더 큰 범위 안에 있으면 C가 되는 방식이다. 그리고 A보다 2.5cm 작은 범위 안에 있으면 AA이고, AA보다 2.5cm 더 작은 범위 안에 있으면 AAA가 된다.

즉, 밑가슴둘레는 5cm 간격으로 구분해서 나타내고, 윗가슴둘레와 밑가슴둘레의 차이가 10cm인 A컵 사이즈를 기준으로 해서, 2.5cm(약 1인치) 간격으로 구분해서 나타낸다.

따라서 브래지어 사이즈가 80B라는 뜻은, 밑가슴둘레가 80cm 정

밑가슴 둘레	허용 범위	컵 사이즈	가슴 둘레-밑가슴 둘레
65	63~68cm	AA컵	7.5cm 내외
70	68~73cm	A컵	10cm 내외
75	73~78cm	B컵	12.5cm 내외
80	78~83cm	C컵	15cm 내외
85	83~88cm	D컵	17.5cm 내외
90	88~93cm	E컵	20cm 내외

브래지어 사이즈 산출방법

도이고, 윗가슴둘레가 밑가슴둘레보다 12.5cm, 즉 5인치 정도 더 길다는 뜻이다.

❖ 브래지어 사이즈 표기법은 언제부터 사용했을까?

브래지어 사이즈는 가슴의 가장 작은 둘레와 가장 큰 둘레의 차이를 이용하여 나타내고, 그 간격을 적당한 간격으로 표준화한 것이다. 이런 면에서 보면 이 표기법이 체계적이고 합리적이라는 생각이 든다.

그러면 75A와 같은 표기는 언제부터 사용했을까? 이 표기법은 한국산업표준으로 1987년에 처음 만들어졌다. 그러다가 2004년에 폐기하고, 새로 KS K9404 '파운데이션 의류 치수'를 제정했는데, 그 후에 몇 차례 개정해서 현재 사용하고 있다. 그러니까 75A와 같은 표기는 길게 보면 1987년부터 사용한 것이고, 짧게 보면 2004년부터 사용했다고 볼 수 있다.

◉◉◉ 마무리하며

많은 사람들이 수학은 엄밀해야 한다는 고정관념에 사로잡혀 있는 것 같다. 아마도 학교에서의 수학 수업시간과 시험의 영향이 가장 클 것으로 생각된다. 수학을 이론적으로 연구하는 경우에는 엄밀해야 하고 조금의 오차도 허용하지 않아야 되는 것은 맞는 말이다. 그렇지만 수학을 실생활에 활용할 때에도 엄밀해야 한다는 생각에 사로잡혀 있는 것은 때와 장소를 구분하지 못하는 것이라 할 수 있다. 실생활에서는 엄밀함보다는 편리함이 더 우선되는 가치일 수 있기 때문이다. 편리함을 얻을 수 있다면 엄밀함을 어느 정도 양보할 수 있는 융통성이 필요하다. 이론과 현실의 차이를 알고, 각각의 상황에서 중요한 가치가 무엇인지 구분하여 선택할 수 있는 현명한 융통성이 필요하다고 하겠다.

02
영화관 명당자리는 어디일까?

궁금해요

영숙이는 병식이와 영화 보러 가기로 했다.
그런데 어느 자리를 가장 좋은 자리인지 궁금했다.
영화 보기에 제일 좋은 명당자리가
어디인지 알고 싶어요~~

◉◎◐ 광화문 이순신 장군 동상이 가장 잘 보이는 위치는 어디?

영화관 명당자리가 어디인지 알아보기 전에, 그 원리를 쉽게 이해할 수 있는 간단한 경우에 대하여 먼저 알아보자.

바로 광화문 이순신 장군 동상이 가장 잘 보이는 위치가 어디냐 하는 것이다.

❈ 동상이 가장 잘 보인다는 것의 수학적 의미

동상을 더 잘 감상하기 위해서 가까이 가면 더 좋을 것으로 생각하기 쉬운데 실제로는 그렇지 않다. 동상에 너무 가까이 가면 오히려 더 잘 안 보이게 된다. 그렇다고 뒤로 너무 멀리 가면 동상이 너무 작게 보인다. 그래서 적당한 거리에서 봐야 잘 보인다.

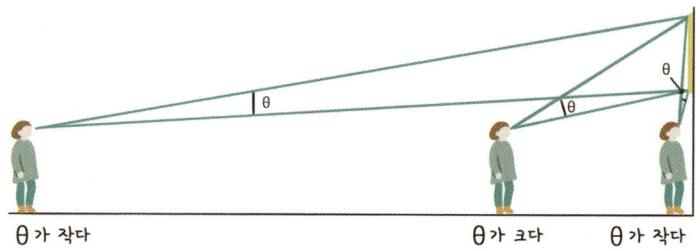

동상을 제일 잘 볼 수 있는 자리가 어디인지 알기 위해서는, 우선 동상이 '잘 보인다'는 것이 '수학적으로' 무엇인지를 명확하게 해야 한다. 동상이 '잘 보인다'는 것을 여러 가지로 해석할 수 있지만, 동상이 '크게 보인다'는 것으로 해석할 수 있을 것이다. 그리고 동상이 '크게 보인다'는 것은 우리가 아래에서 동상을 볼 때 보는 각도가 크다, 즉 '동상의 가장 아랫부분을 볼 때와 가장 윗부분을 볼 때의 사잇각의 크기가 크다'는 뜻일 것이다. 따라서

동상이 가장 잘 보이는 곳이 어디냐?

는 문제를 수학적으로 표현하면

> 동상의 아랫부분과 윗부분을 볼 때의
> 사잇각의 크기가 최대가 되는 곳이 어디냐?

라는 문제가 된다.

❁ 동상이 가장 잘 보이는 곳 구하기

동상 앞에 서 있는 사람이 기단 위에 있는 동상을 바라볼 때, 동상 가장 아랫부분을 볼 때와 가장 윗부분을 볼 때의 각도가 가장 클 때를 수학적으로 설명하면 아래 그림과 같다.

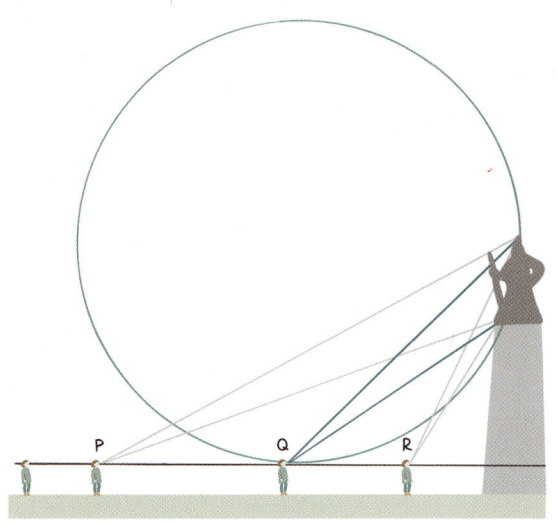

위 그림에서 사람의 눈이 점 P 또는 R의 위치에 있을 때보다 점 Q의 위치에 있을 때 동상의 윗부분과 아랫부분을 보는 사잇각의 크기가 가장 크다.[1]

이제 이와 같은 수학적 원리를 실제 이순신 장군 동상의 크기에 대한 정보에 적용하여 가장 잘 보이는 위치를 구해보자.

---

[1] 동상의 윗부분과 아랫부분을 지나고 눈높이의 (지면과 평행한) 직선과 접하는 점(위 그림에서는 점 Q)에서의 사잇각이 가장 크다.

이순신 장군 동상은 기단 10.5m, 동상 6.5m, 총 17m이다. 사람의 눈높이를 1.5미터라고 가정하고, 동상이 가장 잘 보이는 위치를 동상 아랫부분으로부터 x미터 떨어진 곳이라 하면 아래 그림과 같이 된다.

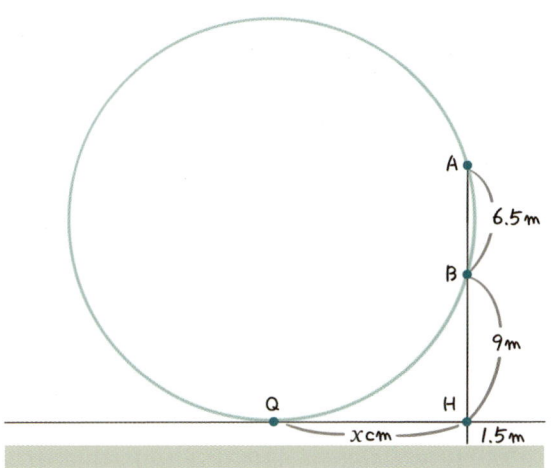

위 그림에서 길이 x의 값을 구하기 위해서는 원의 접선의 성질을 알아야 된다. 오른쪽 그림과 같이 직선 PT가 점 T에서 원에 접할 때, 다음과 같은 성질이 성립한다.

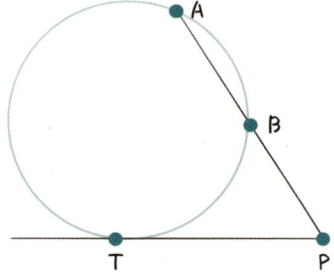

$$\overline{PT}^2 = \overline{PA} \times \overline{PB}$$

첫 번째 그림에서 직선 HQ가 동상의 윗부분 A와 아랫부분 B를 지나는 원과 점 Q에서 접한다. 그러므로 접선의 성질을 위 그림에 적용하면 다음 등식을 얻는다.

$$\overline{HQ}^2 = \overline{HA} \times \overline{HB}$$

따라서 $x^2 = (9+6.5) \times 9$를 얻는다. 따라서

$$x = \sqrt{15.5 \times 9} = \sqrt{139.5} \approx 11.8(\text{m})$$

이다.

그러므로 이순신 장군 동상을 가장 잘 볼 수 있는 위치는 이순신 장군 동상으로부터 약 11.8미터 떨어진 곳이다. 물론 이 위치는 사람의 키에 따라 조금씩 달라지지만, 그 정도 떨어진 곳이 동상이 가장 잘 보이는 위치이다. 동상을 기준해서 설명하면 대략 이순신 장군 동상의 무릎 정도 위치의 지점을 올려다보는 각이 45°정도 되는 지점이다.

●◐◯ 레기오몬타누스의 최대각 문제

앞에서 이순신 장군 동상이 가장 잘 보이는 곳이 어디냐는 문제를 수학적으로 표현하면 다음과 같은 질문이 되었다.

> 동상의 아랫부분과 윗부분을 볼 때의
> 사잇각의 크기가 최대가 되는 곳이 어디냐?

이 문제는 레기오몬타누스Regiomontanus, 1436-1476의 최대각 문제로 잘 알려진 문제이고, 2010년 서울대학교 특기자 전형 면접 수학 문제로 출제되기도 했다.

레기오몬타누스는 독일의 수학자이자 천문학자이며, 삼각법과 천문학의 발전에 큰 역할을 하였다. 그의 이름은 요하네스 뮐러 폰 쾨니히스베르크Johannes Müller von Königsberg이고, 레기오몬타누스라는 이름은 그가 죽은 뒤 58년 후인 1534년에 필리프 멜란히톤에 의해 붙여졌다. 1471년에 그는 다음과 같은 문제를 제기하였다.

레기오몬타누스

> 지면에 수직으로 매달린 막대기가 가장 길게 보이는 지점은 어디인가?

이 문제는 앞의 풀이에서 알 수 있듯이 수학적으로 어려운 문제는 아니다. 그럼에도 불구하고 이 문제가 주목받는 이유는 고대 이래 수학사에서 처음으로 등장하는 최댓값 문제이기 때문이다.

이 문제는 앞에서의 풀이와 같이 기하적으로 풀 수도 있지만 삼각함수를 이용하여 해를 구하는 방법도 있다. 다음 그림과 같이 놓고, 점 P에서 막대기 AB를 바라보는 사잇각 θ의 크기를 삼각함수를 이용하여 a, b, x의 식으로 구한 다음, 미분을 이용하거나 산술기하 부등식을 이용하여 θ의 크기가 최대가 되도록 하는 거리 x의 값을 구할 수 있다.

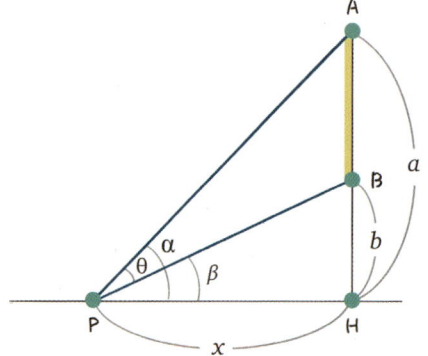

관심 있는 독자는 삼각함수를 이용한 풀이에 한번 도전해보기를 권한다.

레기오몬타누스의 최대각 문제는 여러 가지로 변형할 수 있는데, 흥미로운 변형으로는 다음과 같은 문제가 있다.

> 토성에서 고리가 가장 넓게 보이는 토성의 위도는 얼마인가?

토성의 고리가 토성의 적도면에 있다고 할 때, 토성의 고리의 폭이 가장 넓게 보이는 토성의 위도는 얼마인지 구하라는 문제이다. 관심 있는 독자는 이 문제의 풀이에 도전해보기를 권한다.

이순신 장군 동상이 아닌 다른 동상이나 조형물의 경우에도 앞에서 소개한 방법을 적용해서 가장 잘 볼 수 있는 위치를 구할 수 있다.

영화관 명당자리는 어디?

이제 영화관 명당자리가 어디인지 알아보자.

영화관 명당자리를 알아보기 위해서는 우선 어떤 자리를 '명당자리'라고 할 것인지 먼저 명확하게 합의해야 한다. 여러 가지 관점에서 가장 좋은 명당자리를 정할 수 있는데, 우선 지금까지 논의했던 관점, 즉 영화가 보이는 스크린이 가장 넓게 보이는 위치, 스크린의 세로 길

이가 가장 길게 보이는 위치를 '명당자리'라고 하자. 명당자리를 다르게 정의하는 것에 대해서는 지금의 정의에 따른 논의가 끝난 후에 이어서 논의하겠다.

대부분의 영화관에서 의자가 배치된 형태는 영화가 상영되는 스크린이 있고, 객석 의자가 경사지게 배치되어 있다.

영화관의 스크린과 의자의 배치를 단순화해서 아래 그림과 같이 되어 있다고 하자.

이 경우에 영화관 명당자리는 아래 그림과 같이, 스크린의 윗부분 A와 아랫부분 B를 지나는 원이 의자에 앉아 있는 관객의 눈의 위치와 접하게 되는 의자가 된다.

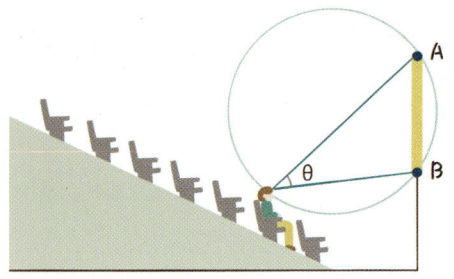

이 원리를 기억해 두었다가 실제로 영화관에 갔을 때, 영화관 스크린의 위 아래 두 점을 지나는 원이 객석 의자와 접하게 되는 지점을 어림짐작으로 구하면, 실제 상황에서 명당자리가 어디쯤인지 알 수 있을 것이다.

이 경우에도 스크린의 세로 길이, 바닥으로부터의 높이, 스크린과 객석 의자까지의 거리, 객석 의자의 경사각 등의 정보를 구해서 이순신 장군 동상의 경우와 같이 삼각함수, 미분 등을 이용하여 명당자리를 구할 수도 있다. 우리가 영화관에 갔을 때 현장에서 이런 정보를 바로 알 수 없기 때문에 실생활 중에는 삼각함수, 미분을 이용하여 구할 수 없다.

이번에는 영화관 객석 의자가 경사져 있지 않고 아래 그림과 같이 수평으로 배치되어 있는 경우에 대하여 생각해보자.

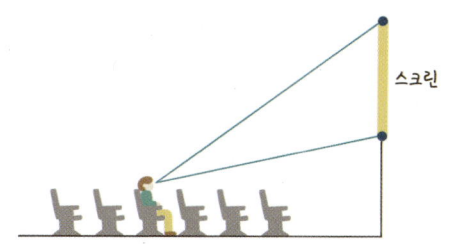

이 경우에 명당자리는 아래 그림과 같이, 스크린의 윗부분 A와 아랫부분 B를 지나는 원이 의자에 앉아 있는 관객의 눈의 위치와 접하게 되는 의자가 된다.

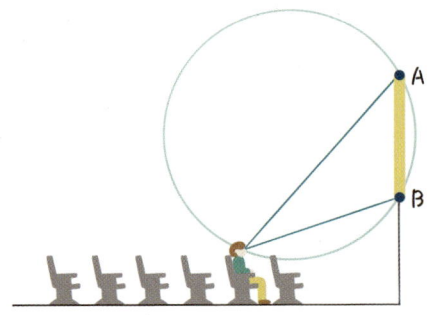

◉◐◖ 다른 관점에서의 영화관 명당자리는?

앞에서 영화관 명당자리에 대하여 알아보았는데, '영화 스크린의 세로 길이가 가장 길게 보이는 위치'를 영화관 명당자리라고 정의하고 논의하였다. 그런데 영화에 따라서나 사람의 취향에 따라서 스크린이 길게 보인다고 해서 가장 좋은 자리라고 할 수 없는 경우도 있다. 뮤지컬 영화의 경우에는 음악이 잘 들리는 곳이 더 중요할 수 있고, 외국 영화의 경우에는 자막이 한눈에 들어오는 곳이 더 좋은 곳일 수 있다. 따라서 영화관 명당자리에 대하여 논의할 때에는 어떤 자리를 영화관 명당자리라고 할 것이냐를 먼저 명확하게 합의하는 것이 가장 먼저 선행되어야 한다. 그런 다음에 그 정의에 맞은 자리를 어떻게 찾을 것인지 알아내려고 노력해야 할 것이다.

그런데 간혹 그 순서를 무시하거나 막무가내로 방법부터 찾으려는 경우가 있다. 어떤 자리를 영화관 명당자리로 할지 명확하게 정하지도 않은 채, 어떻게 찾는지 방법부터 알려고 하는 경우말이다. 이와 비슷한 경우로, 방정식의 해가 존재하는지 확인도 하지 않은 채 무턱대고 방정식의 해를 구하려고 달려드는 경우도 있다. 해가 존재한다는 것을 확인한 후에 해를 구하려고 하는 것이 바른 순서일 것이다.

이와 같이 어떤 성질 또는 현상에 대하여 탐구하거나 다른 사람과 대화를 할 때 먼저 그 대상에 대하여 명확하게 정의하는 것이 매우 중요하고 가장 우선되어야 한다. 그리고 명확하게 정의하였는지, 상대방과 같은 것을 말하고 있는지에 대해 확인하는 것이 필요하다.

마무리하며

생활 속에서 필자가 가장 중요하게 생각하는 것 중에 하나는 일상생활 중에 평범하게 접하는 일들 속에서 의문을 품거나 질문을 하는 것이다. 어떤 사실을 알거나 결과를 아는 것도 필요하겠지만, 그보다 더 중요하고 선행되어야 하는 것은 '왜?'라고 질문하는 것이다. 왜라고 질문을 하고 궁금한 마음이 들어야 그것에 대한 답을 찾기 위해 노력할 것이기 때문이다.

일상 중에 우리는 영화도 보고 동상도 보고 건물, 나무 등을 수도 없이 본다. 그럴 때 동상을 가장 잘 볼 수 있는 지점은 어디일까, 영화를 가장 잘 볼 수 있는 자리는 어디일까 하는 의문을 품는 것이 중요하다. 이런 질문을 하고, 의문을 품는 것이 수학적 사고의 시작이자 가장 중요한 핵심이다. 독자 여러분이 이 책을 통해 스스로 질문을 던지고 궁금증을 갖는 태도를 갖게 되기를 바란다.

03
병에 걸렸다고 진단받았을 때 진짜로 병에 걸렸을 확률은?

궁금해요

병원에서 검사를 받았는데 병에 걸렸다고 나왔어요.
검사의 정확도가 100%는 아니라고 하는데,
그러면 제가 진짜로 그 병에 걸렸을 확률은 얼마나 되나요?

병 진단의 오진 가능성

미국 최고의 병원 중의 하나인 메이요클리닉의 제임스 내슨스 교수의 2017년 연구논문에 따르면, 일반 병의원에서 1차 진단한 결과와 이 병원에서의 2차(최종)진단 결과가 일치한 경우는 12%이고, 완전히 다른 경우가 21%이다. 병원의 진단 결과가 병원마다 다를 수 있고, 병을 잘못 진단하는 오진 가능성이 있다는 것을 의미한다.

방사선 전문의보다 정확도가 높다는 의료 인공지능의 진단 정확도도 암의 종류에 따라 다르지만 대략 99% 내외이다. 병원에서의 병 진단 정확도는 100%가 아니며 오진의 가능성이 얼마든지 있다. 오진의 가능성이 있다는 것은 환자가 어떤 병이 있는 것으로 진단받았더라도 실제로는 그 병에 걸려 있지 않았을 가능성이 있다는 것을 의미하고, 반대로 병이 없는 것으로 진단받았더라도 실제로는 병에 걸려 있을 가능성이 있다는 것을 의미한다.

이런 오진 가능성이 어느 정도 되는지를 수학적으로 계산할 수 있는데, 특히 조건부 확률을 이용하여 계산할 수 있다. 조건부 확률을 이용해서, **병이 있는 것으로 진단받았을 때 실제로는 병에 걸려 있지 않았을 확률이 얼마나 되는지** 알아보도록 하자.

조건부 확률

병에 걸린 것으로 진단받았을 때 실제로 병에 걸렸을 가능성을 계산하기 위해서는 조건부 확률의 개념이 필요하다. 조건부 확률이 생소하거나 어려워하는 독자가 있을 텐데, 기본 개념은 간단하다.

보통의 확률은

어떤 사건 A가 일어날 확률

을 말하는데 반해, 조건부 확률은

어떤 사건 B가 일어났을 때, 사건 A가 일어날 확률

을 말한다. '사건 B가 일어났을 때'라는 조건이 있기 때문에 조건부 확률이라고 한다. 이 조건부 확률을 기호로 P(A|B)로 나타내자.

예를 들어 보자. 남녀 학생이 있는 교실에서 임의로 한 명을 뽑을 때,

> 안경 쓴 학생이 뽑힐(사건 A) 확률
> 또는
> 남학생이 뽑힐(사건 B) 확률

은 보통의 확률이다. 그런데

> 남학생이 뽑혔을 때, 그 학생이 안경 쓴 학생일 확률

은 조건부 확률이다. 왜냐하면 남학생이 뽑혔을 때, 즉 사건 B가 일어났을 때, 그 학생이 안경 쓴 학생일 확률, 즉 사건 A가 일어날 확률을 구하는 것이기 때문이다.

우리가 알아보려고 하는 확률도, 어떤 사람이 검사를 받아서 병에 걸린 것으로 결과가 나왔을 때, 그 사람이 실제로 그 병에 걸려 있을 확률을 구하는 것이므로 조건부 확률이 된다.

두 사건 A와 B에 대하여, A가 일어날 확률을 P(A), B가 일어날 확률을 P(B), A와 B가 동시에 일어날 확률을 P(A∩B)라 할 때, 조건부 확률에 대하여 다음 등식이 성립한다.

$$P(A|B) = \frac{P(A \cap B)}{P(B)} \quad 즉, P(A \cap B) = P(A|B) \cdot P(B)$$

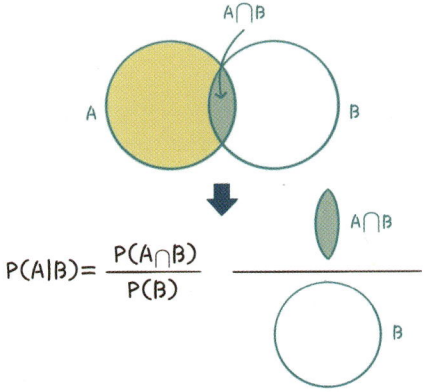

병 진단 오진율

병 진단 오진율을 계산하기 전에 먼저 정확하게 진단한다는 것에 대해 생각해보자. 병을 정확하게 진단한다고 하면 보통은 '병에 걸려 있는 경우'에 '병에 걸렸다'고 정확하게 진단하는 것만을 생각한다. 그러나 그것 외에 하나가 더 있다. 바로 '병에 걸리지 않은 경우'에 '병에 걸리지 않았다'고 정확하게 진단하는 것이다. 즉, 정확하게 진단한다는 것은 있는 경우엔 있다고, 없는 경우엔 없다고, 두 가지 경우에 모두 정확하게 진단해야 한다.

오진의 경우도 마찬가지로 두 가지인데, 첫 번째는 '병에 걸려 있는 경우'에 '병에 걸리지 않았다'고 잘못 진단하는 것이고, 두 번째는 '병에 걸리지 않은 경우'에 '병에 걸렸다'고 잘못 진단하는 것이다. 이 중에서 우리는 '병에 걸렸다'고 진단 받았을 때, 실제로는 '병에 걸려 있지 않은 경우'에 해당하는 오진율에 대하여 알아보자.

> **예제**
>
> 어떤 병에 걸릴 확률이 $\frac{5}{1000}$ = 0.5%, 즉 1000명 중 5명이 걸린다고 하자. 이 병에 걸렸는지 진단하는 검사의 정확도는 다음과 같다.
> - 병에 걸려 있는 경우 병이 있다고 정확하게 진단할 확률: 95%
> - 병에 걸려 있지 않은 경우 병이 없다고 정확하게 진단할 확률: 99%

이 경우, 어떤 사람이 병이 있는 것으로, 즉 양성으로 검사 결과가 나왔을 때, 이 사람이 실제로 병에 걸려 있을 확률은 얼마나 될까?

조건부 확률의 계산

(계산 과정에 관심이 없는 분들은 아래의 계산 결과만 보면 된다.)

병에 걸려 있는 사건을 D라 하고, 병에 걸렸다고 즉, 양성판정을 하는 사건을 P라 하고, 병에 걸리지 않았다고 즉, 음성판정을 하는 사건을 N이라 하자. 그러면 병에 걸려 있을 때 병이 있다고 양성 판정할 확률은 $P(P|D)$이고, 병이 없을 때 병이 없다고 음성 판정할 확률은 $P(N|D^c)$이다. 따라서 주어진 조건으로부터 다음을 알 수 있다.

- 병에 걸릴 확률은 $P(D) = \frac{5}{1000} = 0.005$
- 병이 있는 경우에, 병이 있다고 판정할 확률 $P(P|D) = 0.95$
- 병이 없는 경우에, 병이 없다고 판정할 확률 $P(N|D^c) = 0.99$
- 병이 있는 경우에, 병이 없다고 판정할 확률 $P(N|D) = 0.05$
- 병이 없는 경우에, 병이 있다고 판정할 확률 $P(P|D^c) = 0.01$

이제, 구하는 확률은 병이 있다고 판정받았을 때, 실제로 병이 있을 확률이고, 이 확률은 기호로 P(D|P)이다. 이 확률을 위의 값을 이용하여 구하면 다음과 같다.

$$P(D|P) = \frac{P(D \cap P)}{P(P)} = \frac{P(P|D) \cdot P(D)}{P(D \cap P) + P(D^c \cap P)}$$

$$= \frac{P(P|D) \cdot P(D)}{P(P|D) \cdot P(D) + P(P|D^c) \cdot P(D^c)}$$

$$= \frac{0.95 \times 0.005}{0.95 \times 0.005 + 0.01 \times 0.995}$$

$$\approx 0.323$$

[**계산 결과**] 따라서 구하는 확률 P(D|P)는 약 32.3%이다. 즉, 이 병이 있다고 판정받았을 때, 실제로 환자가 그 병에 걸려 있을 확률은 32.3%로 $\frac{1}{3}$도 안 된다.

논의

검사의 정확도가 95%, 99%로 매우 높은데도 불구하고 병이 있다고 판정받았을 때 실제로 병에 걸렸을 확률이 32% 정도밖에 안 된다는 의외의 결과를 얻었다. 실제로 병에 걸렸을 확률이 32%밖에 안 된다면 이런 검사를 받을 필요가 있나 싶을 것이다.

이런 뜻밖의 결과가 나온 이유가 무엇인지, 실제 병에 걸렸을 확률을 높이려면 어떻게 해야 하는지 등에 대하여 논의해보자.

앞에서 살펴 본 예제의 조건을 정리하면 다음과 같다.

1) 병에 걸릴 확률: P(D) = 0.5%
2) 병이 있을 때 병이 있다고 진단할 확률: P(P|D) = 95%
   (병이 있을 때 병이 없다고 잘못 진단할 확률: 5%)
3) 병이 없을 때 병이 없다고 진단할 확률: $P(N|D^c)$ = 99%
   (병이 없을 때 병에 걸렸다고 잘못 진단할 확률: 1%)

이제 위의 세 가지 조건을 각각 변경시켰을 때 실제로 병에 걸렸을 확률이 어떻게 되는지 알아보자.

1) 병에 걸릴 확률이 바뀌었을 경우

예제에서는 병에 걸릴 확률이 0.5%였는데, 이 확률이 커지면 어떻게 되는지 알아보자. 이를 위해 조건 2)와 3)은 그대로 두고 조건 1) 병에 걸릴 확률을 예제의 0.5%에서 1%, 5%, 10% 등으로 바꾸고, 이때 병에 걸렸을 확률이 어떻게 되는지 각각 계산하였다. 그 계산 결과가 다음 표와 같다.

조건 1) 병에 걸릴 확률 P(D)		0.5%	1%	5%	10%
검사도구의 정확도	조건 2) 병이 있을 때 병이 있다고 판정할 확률 P(P|D)	95%			
	조건 3) 병이 없을 때 병이 없다고 판정할 확률 P(N|D^c)	99%			
검사 결과	병에 걸렸다고 판정 받았을 때, 실제로 병에 걸렸을 확률 P(D|P)	32.3%	49.0%	83.3%	91.4%

위 표의 계산 결과로부터 알 수 있듯이, 병에 걸릴 확률 P(D)가 커지면 실제로 병에 걸렸을 확률 P(D|P)가 급격히 커진다. 병에 걸릴 확률 P(D)가 0.5%에서 5%와 10%가 되면, 실제 병에 걸렸을 확률 P(P|D)가 각각 83.3%와 91.4%로 급격히 커진다. 따라서 병에 걸릴 확률 P(D)가 실제로 병에 걸렸을 확률 P(P|D)의 값에 큰 영향을 미친다는 것을 알 수 있다.

2) 병이 있을 때 병에 걸렸다고 정확히 진단할 확률을 바꾸었을 경우

이번에는 병이 있을 때 병에 걸렸다고 정확하게 진단할 확률 P(P|D)를 예제의 95%보다 더 좋게 개선하면 어떻게 되는지 알아보자. 이를 위해 조건 1)과 3)은 그대로 두고, 조건 2)만 예제의 95%에서 99.95%로 높이겠다. 조건 2)의 병이 있을 때 병이 있다고 정확히 진단할 확률 P(P|D)를 95%에서 99.95%로 개선하면, 병에 걸렸다고 판정 받았을 때 실제로 병에 걸려있을 확률 P(D|P)의 값이 어떻게 바뀌는지 계산한 결과가 다음 표에 제시되어 있다.

조건 1) 병에 걸릴 확률 P(D) = 0.5%			
검사도구의 정확도	조건 2) 병이 있을 때 병이 있다고 판정할 확률 P(P│D)	95% ⇨ 99.95%	
	조건 3) 병이 없을 때 병이 없다고 판정할 확률 P(N│D^c)	99%	
검사 결과	병에 걸렸다고 판정받았을 때, 실제로 병에 걸렸을 확률 P(D│P)	32.3% ⇨ 33.4%	

위 결과로부터 알 수 있듯이, 병이 있을 때 병이 있다고 정확히 진단하는 정확도를 95%에서 99.95%로 획기적으로 개선했음에도 불구하고 병에 걸렸다고 판정받았을 때 실제로 병에 걸렸을 확률은 32.3%에서 33.4%로 불과 1.1% 포인트 높아지는 데에 그쳤다. 이것으로부터 병이 있을 때 병에 걸렸다고 정확히 진단하는 정확도를 개선하는 것이 실제로 병에 걸렸을 확률 P(P│D)에 미치는 영향은 매우 작음을 알 수 있다.

3) 병이 없을 때 병에 걸리지 않았다고 정확하게 진단할 확률을 바꾸었을 경우

이번에는 병이 없을 때 병에 걸리지 않았다고 정확하게 진단할 확률 P(N│D^c)를 예제의 99%보다 더 좋게 개선하면 어떻게 되는지 알아보자. 이를 위해 조건 1)과 2)는 그대로 두고, 조건 3)만 예제의 99%에서 99.9%로 높이겠다. 조건 3)의 병이 없을 때 병이 없다고 정확히 진단할 확률 P(N│D^c)를 99%에서 99.9%로 개선하면, 병에 걸렸다고 판

정받았을 때 실제로 병에 걸려있을 확률 P(D | P)의 값이 어떻게 바뀌는지 계산한 결과가 다음 표에 제시되어 있다.

조건 1) 병에 걸릴 확률 P(D) = 0.5%		
검사도구의 정확도	조건 2) 병이 있을 때 병이 있다고 판정할 확률 P(P | D)	95%
	조건 3) 병이 없을 때 병이 없다고 판정할 확률 P(N | D^c)	99% ⇨ 99.9%
검사 결과	병에 걸렸다고 판정받았을 때, 실제로 병에 걸렸을 확률 P(D | P)	32.3% ⇨ 82.7%

위 결과로부터 알 수 있듯이, 병이 없을 때 병이 없다고 정확히 진단하는 정확도를 99%에서 99.9%로 개선하면, 병에 걸렸다고 판정받았을 때 실제로 병에 걸렸을 확률은 32.3%에서 82.7%로 확률이 매우 높아졌다. 이것으로부터 병에 걸리지 않았을 때, 병이 없다고 정확히 진단하는 정확도를 개선하는 것이, 병에 걸렸다고 판정받았을 때 실제로 병에 걸렸을 확률 P(D| P)을 개선하는 데에 미치는 영향은 매우 크다는 것을 알 수 있다.

결론 및 제언

앞의 논의로부터 다음과 같은 결론과 제언을 제시할 수 있다.

첫째, 병에 걸릴 확률이 낮은 희귀병의 경우, 검사 결과 병에 걸린 것으로 진단받았더라도 실제 그 병에 걸렸을 가능성은 낮다.

위의 계산과 논의에서 알 수 있듯이, 병에 걸릴 확률이 0.5%로 낮은 경우에는, 진단 검사의 정확도가 95% 이상으로 높더라도, 검사 결과 병에 걸린 것으로 진단받았지만 실제로 병에 걸렸을 확률은 낮다. 그러나 희귀병이 아니고 병에 걸릴 확률이 5% 이상인 경우, 병에 걸린 것으로 진단받았을 때 실제로 병에 걸려 있을 확률은 80% 이상으로 높다. 따라서 검사 결과 어떤 병에 걸린 것으로 진단받았을 경우 그 병이 희귀병인지 아닌지, 그 병에 걸릴 확률이 얼마나 되는지 반드시 확인할 필요가 있다.

둘째, 병에 걸린 것으로 진단받았을 때 실제로 병에 걸려 있을 확률에 대한 정확도를 높이기 위해서는, '병이 없을 때, 병이 없다고 판정하는 정확도를 높이는 것이 중요하다는 점이다.

병에 걸렸을 때 병에 걸렸다고 정확하게 진단하는 정확도를 높이는 것은, 병에 걸린 것으로 진단받았을 때 실제로 병에 걸렸을 확률을 높이는 데에는 효과가 매우 적다. 그러나 병이 없을 때 병이 없다고 정확하게 진단하는 정확도를 높이는 것은, 병에 걸린 것으로 진단받았을 때 실제로 병에 걸렸을 확률을 높이는 데에 매우 효과적이다. 따라서 병 진단 검사 도구를 개발할 때 이런 점을 참고할 필요가 있다.

셋째, 큰 병에 걸린 것으로 진단받아 치료에 대한 중요한 결정을 내려야 할 때, 오진 가능성을 포함한 여러 가지 가능성을 충분히 검토하는 신중함이 필요하다.

위의 예에서 보았듯이, 어떤 병에 걸릴 확률이 0.5% 정도로 낮을 경우, 검사 도구를 통해 병이 있다고 진단받았을 때 실제로 병이 있을 확률이 매우 낮았다. 그러므로 검사 결과 병이 있다고 판정받았을 때 그 병에 걸릴 확률이 얼마나 되는지 확인하는 것은 물론이고, 오진의 가능성을 비롯한 여러 가지 가능성을 꼼꼼하게 확인하는 신중한 태도가 필요하다고 하겠다.

마무리하며

앞에서 보았듯이 수학은 단위의 간편한 환산, 영화관 명당, 병 진단 오진율 등의 실생활에 폭넓게 활용되고 있다. 그리고 수학을 활용하면 실생활에 편리하고 착각이나 오류에 빠지지 않고 정확하게 판단할 수 있게 된다.

생활 속의 수학을 위해서는 실생활 중의 크고 작은 것에 대하여 궁금증을 갖고 질문하는 태도를 갖는 것이 중요하다. 특히 숫자를 보았을 때 그 숫자에 어떤 의미가 있는지, 어떤 원칙과 원리로 숫자를 사용했는지 질문해 보면 좋다. 그리고 어떤 현상과 방식에 대해 왜 그런 현상이 있는지, 왜 그런 방식으로 하는지 등에 대해 질문을 던지고 궁금해하는 것이 좋다. 그리고 그런 궁금증을 해결하기 위하여 궁금증을 마음속에 간직하고 나름대로 답을 찾으려 노력해보고 다른 사람과 얘기하면 좋을 것이다. 결과를 얻는 것도 중요하겠지만, 스스로의 궁금증을 해결하기 위해 애쓰는 과정은 여러분이 지금까지 경험해보지 못한 새로운 종류의 즐거움을 주는 경우가 많을 것이기 때문이다.

아무쪼록 독자 여러분이 실생활에 수학을 활용해서 편리해지고 즐거움을 느낄 수 있게 되기를 바란다.

PART 03

타짜를
위한 수학

01. 고스톱을 4명이 광 팔지 않고 치는 방법
02. 카드 섞기와 수학
03. 도박사의 성공 전략

    도박의 역사는 매우 오래되었으며, 일상 중에 화투나 카드 게임을 많은 사람을 즐겨하고 있다. 화투, 카드 게임, 도박과 관련된 여러 가지 궁금한 것들을 수학으로 해결할 수 있다.
    고스톱을 4명이 광 팔지 않고 치려면 어떻게 해야 하는지, 카드 또는 화투가 잘 섞이게 하려면 얼마나 많이 섞어야 하는지, 나보다 실력이 좋은 상대방과 게임을 할 때 판돈을 크게 거는 게 좋은지 적게 거는 게 좋은지와 같은, 알아두면 쓸모 있는 것들에 대하여 알아보자.

01
고스톱을 4명이 광 팔지 않고 치는 방법

궁금해요

정서네 식구들은 명절 때 친척들과 모여서 고스톱을 한다. 그런데 하고 싶은 사람은 많은데 동시에 3명밖에 못 해서 늘 불편했다. 고스톱을 4명이나 5명이 광 팔지 않고 같이 하는 방법이 있으면 좋겠어요~

고스톱(Go Stop)

화투 게임 중에 고스톱이라는 것이 있다. 2명 또는 3명이 하는 게임인데, 게임을 진행하면서 일정 점수 이상 득점하게 되면 이기게 된다. 그런데 게임하는 도중에 득점해서 이기게 되면, 이긴 사람이 계속할 수도 있고 그 점수에서 끝낼 수도 있다. 계속하는 경우를 'Go한다'고 하고, 끝내는 경우를 'Stop한다'고 한다. 이런 이유로 이 게임의 명칭이 고스톱 GoStop이 되었다는 설이 있다.

온라인으로 고스톱을 하는 경우도 많지만, 특히 명절 때 식구들이 모이면 간식내기 고스톱을 치는 경우가 많다. 고스톱을 해서 딴 사람의 돈을 모아서 온 식구들이 간식을 맛있게 먹으며 즐거운 시간을 보낸다.

한게임 맞고

그런데 고스톱은 동시에 할 수 있는 사람의 수가 최대 3명이라는 문제점이 있다. 친척들이 모두 모이면 여러 명이 된다. 그래서 고스톱을 4명이나 5명이 같이 하게 되는데, 이때에는 매 판마다 3명만 치고 나머지 한두 명은 광을 팔고 쉬어야 한다. 그런데 광 팔고 쉬면서 구경하게 되면 게임의 열기가 식게 되어 즐거움이 반감되기 마련이다.

고스톱을 4명이나 5명이 동시에 할 수 있는 방법은 없을까? 어떻게 하면 4명 또는 5명이 할 수 있는지 알아보도록 하자.

	화투	명칭
1월		송학(솔)
2월		매조
3월		벚꽃(사쿠라)
4월		흑싸리
5월		난초(창포)
6월		모란(목단)
7월		홍싸리(칠싸리)
8월		공산
9월		국진(국준, 국화)
10월		단풍(풍)
11월		오동(똥)
12월		비

화투 패

01. 고스톱을 4명이 광 팔지 않고 치는 방법   115

◉◎◖ 고스톱 칠 때 몇 장 깔고 몇 장 가질까?

4명이나 5명이 광 팔지 않고 고스톱을 칠 수 있는 방법을 알기 위해서는 바닥에 몇 장을 깔고 1인당 몇 장씩 가져야 하는지 알아야 한다. 그리고 그것을 알기 위해서는 2명이 칠 때 왜 8장을 깔고 10장씩 가지는지, 3명이 칠 때 왜 6장을 깔고 7장씩 가지는지 그 이유를 이해해야 한다. 이제 그 이유가 무엇인지 알아보자.

◉◎◖ 3인 고스톱 칠 때 6장 깔고 7장 갖는 이유

먼저 3인 고스톱의 경우를 생각해보자. 바닥에 x장 깔고, 1인당 y장 갖는다고 하자.

이때, 3명의 선수가 갖고 있는 화투는 모두 $3y$장이고, 바닥에는 x장

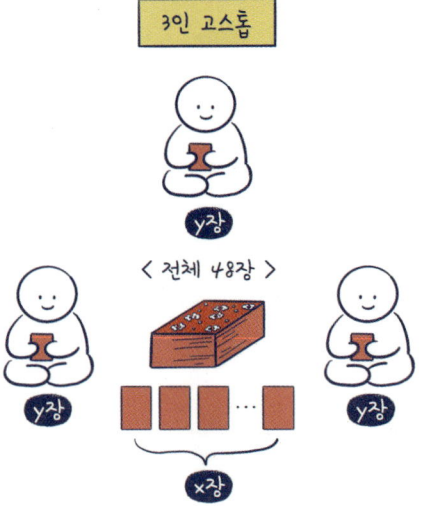

깔려 있다. 그렇다면 바닥에 무더기로 쌓아 놓은 화투의 장수는 모두 몇 장일까?

전체 화투는 48장이고, 바닥에 무더기로 쌓아 놓은 장수는 전체 장수에서 바닥에 깔아 놓은 장수와 3명의 선수가 들고 있는 장수를 빼면 되므로 $48-x-3y$ 장이라고 답하는 것은 논의를 진전시키지 못하는 제자리 걸음의 답변이다.

논의를 진전시키는 의미 있는 관찰이 필요한데, 답을 미리 알려준다면 다음과 같다.

| 바닥에 무더기로 쌓아 놓은 화투의 장수 | = | 3명의 선수가 들고 있는 화투의 장수 |

위의 등식이 왜 성립하는지 이해가 되는가? 위 등식을 이해하는 것이 고스톱 칠 때 몇 장 갖고 몇 장 깔아야 되는지를 알아내는 데에 가장 핵심이 되는 관찰이다.

위 등식이 성립하는 이유는 이렇다. 화투를 칠 때, 각 선수는 들고 있는 화투를 1장 내고, 무더기에 쌓아 놓은 화투를 1장 뒤집는다. 그렇게 한 장 내고 한 장 뒤집는 것을 돌아가면서 한다. 그러다가 한 판의 화투가 모두 끝나게 되면 3명의 선수가 손에 들고 있는 화투는 하나도 없고, 바닥에 무더기로 쌓아 놓은 화투도 모두 뒤집어서 하나도 남아 있지 않다. 따라서 3명의 선수가 들고 있는 화투의 장수의 합과 바닥에 무더기로 쌓아 놓은 화투의 장수는 정확하게 같다. 따라서 바닥에 무더기로 쌓아 놓은 화투는 모두 $3y$장이다.

이제, 전체 화투의 장수가 48장이므로 다음 등식이 성립한다.

| 바닥에 깔아 놓은 장수 | + | 3명의 선수가 들고 있는 장수의 합 | + | 바닥에 무더기로 쌓아 놓은 장수 | = 48 |

즉, $x + 3y + 3y = 48$ 이 된다. 따라서 다음 등식을 얻는다.

$$x + 6y = 48 \qquad \cdots (1)^{1}$$

바닥에 깔아 놓은 장수 x와 각 선수가 들고 있는 장수 y는 위 방정식을 만족하면 되는데, 위 등식 (1)을 만족하는 양의 정수 x, y의 쌍은 다음과 같다.

y	1	2	3	4	5	6	7
x	42	36	30	24	18	12	6

위 표로부터 3명이 고스톱을 칠 때에 선수들이 손에 들고 있는 장수 y는 1부터 7까지 모두 가능함을 알 수 있다. 1장 들고 치는 경우에는 바닥에 42장을 깔게 된다. 물론 이 경우에는 각 선수들이 1번씩 치면 판이 끝난다. 2장씩 들고 치는 경우에는 바닥에 36장 깔게 되고, 3장씩 들고 치면 바닥에 30장을 깔게 된다. 그런데 바닥에 너무 많이 깔고, 손에 너무 적게 들고 있으면 고스톱이 재미없게 된다. 현실적으

---

1 이 등식을 '고스톱 방정식'이라 부르자.

로 해볼 만한 경우는 6장 들고 12장 까는 경우와 7장 들고 6장 까는 경우일 것이다. 그런데 아마도 6장 들고 12장을 깔고 치는 경우보다 7장 들고 6장 깔고 치는 것이 더 좋다는 의견이 많을 것이다. 그래서 이론적으로는 위의 표에 있는 것과 같이 7가지 경우가 모두 가능하지만, 현실적으로 가장 좋은 경우는 7장 들고 6장 까는 경우이고, 그래서 이 경우를 3인 고스톱을 치는 규칙으로 정했다고 볼 수 있다.

2인 고스톱 칠 때

이번에는 2인 고스톱의 경우를 생각해보자. 바닥에 x장 깔고, 1인당 y장 갖는다고 하자.

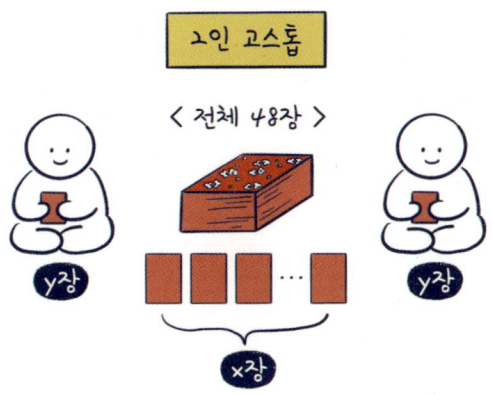

이때, 바닥에 무더기로 쌓아 놓은 화투의 장수는 2명의 선수가 들고 있는 화투의 장수가 같으므로, 바닥에 무더기로 쌓아 놓은 화투의 장수는 $2y$이다. 따라서 다음 등식이 성립한다.

바닥에 깔아 놓은 장수 + 2명의 선수가 들고 있는 장수의 합 + 바닥에 무더기로 쌓아 놓은 장수 = 48

그러므로 2인 고스톱의 경우 고스톱 방정식은 다음과 같다.

$$x + 4y = 48 \quad \cdots (2)$$

위 등식 (2)를 만족하는 양의 정수 x, y의 쌍은 다음과 같다.

y	1	2	3	4	5	6	7	8	9	10	11
x	44	40	36	32	28	24	20	16	12	8	4

위 표로부터 2인 고스톱의 경우 이론적으로는 손에 1장 들고 치는 것부터 11장 들고 치는 것까지 모두 가능함을 알 수 있다. 그렇지만 현실적인 방법은 9장 들고 12장 까는 것과 10장 들고 8장 까는 것의 2가지가 가능해 보인다. 10장 들고 8장 까는 것이 규칙으로 되어 있지만, 9장 들고 12장 깔고 치는 것도 얼마든지 가능한 것으로 보인다.

4인 고스톱 치는 방법

이제 2인 고스톱과 3인 고스톱에 대하여 이해한 것을 바탕으로 본격적으로 4인 고스톱의 경우를 생각해보자.

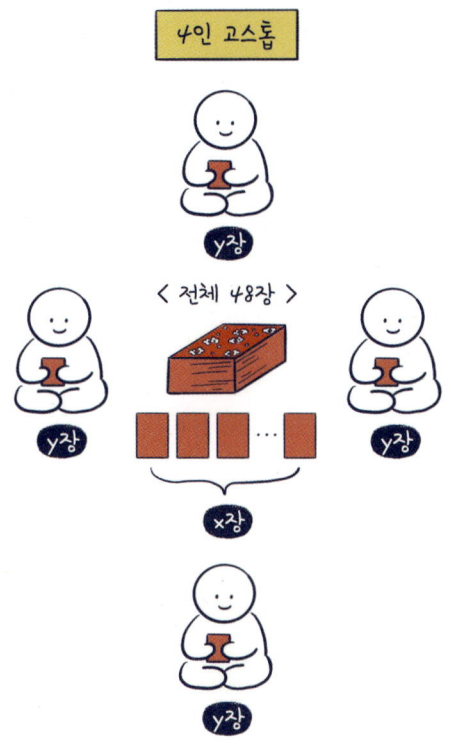

4인 고스톱에서 바닥에 x장 깔고, 1인당 y장 갖는다고 하자. 이때, 바닥에 무더기로 쌓아 놓은 화투의 장수는 4명의 선수가 들고 있는 화투의 장수의 합과 같으므로, 바닥에 무더기로 쌓아 놓은 화투의 장수는 $4y$이다. 따라서 다음 등식이 성립한다.

| 바닥에 깔아 놓은 장수 | + | 4명의 선수가 들고 있는 장수의 합 | + | 바닥에 무더기로 쌓아 놓은 장수 | = 48 |

그러므로 4인 고스톱의 경우 고스톱 방정식은 다음과 같다.

$$x + 8y = 48 \qquad \cdots (3)$$

위 등식 (3)을 만족하는 양의 정수 x, y의 쌍은 다음과 같다.

y	1	2	3	4	5
x	40	32	24	16	8

위 표로부터 4인 고스톱의 경우 이론적으로는 손에 1장 들고 치는 것부터 5장 들고 치는 것까지 가능함을 알 수 있다. 그러나 현실적으로는 5장 들고 8장 깔고 치는 것이 좋아 보인다.

◉◎◖ 4인 고스톱 칠 때 점수는 어떻게 하는 것이 좋을까?

앞에서 4명이 같이 고스톱을 치려면 5장씩 손에 들고 8장을 바닥에 깔고 나머지는 바닥에 엎어 놓으면 된다는 것을 알았다. 그런데 고스톱을 치려면 점수 규칙을 정해야 한다. 4인 고스톱에서 점수 규칙을 어떻게 하는 것이 좋은지 알아보자.

3인 고스톱을 칠 때, 피를 10장 모으면 1점이다. 그리고 12장을 모으면 3점이 되어 이기게 된다. 그러면 4인 고스톱에서는 피를 몇 장 모아야 1점을 주는 것이 좋을까? 4명이 칠 때에는 피를 가져오기가 더 어려우므로 10장보다는 적게 가져와도 1점을 주어야 할 것이다. 그런데 몇 장을 가져올 때 점수를 주는 것이 좋은지에 대하여 생각해보자.

이를 위해서 우선 왜 3인 고스톱의 경우 10장을 모았을 때 1점을 주는지 그 이유를 생각해봐야 할 것이다.

3인 고스톱의 경우 왜 10장을 모았을 때 1점을 주는지에 대한 공식적인 근거가 무엇인지는 알 수 없다. 그러나 필자가 생각하기로는 피를 10장 모았다는 것은 평균보다 많이 모았다는 의미이다. 왜냐하면 화투의 피는 전체 28장이고, 1인당 평균 $\frac{28}{3} = 9 + \frac{1}{3}$이다. 따라서 피 10장의 의미는 평균보다 더 많이 모았다는 뜻이다. 따라서 3인 고스톱에서 피 10장을 모았을 때 1점을 주는 것은 평균보다 더 많이 모았기 때문에 점수를 준다는 것으로 이해할 수 있다. 4인 고스톱의 경우에는 전체 피가 28장이므로 1인당 평균 7장이다. 따라서 피를 평균과 똑같이 7장을 모았을 때 점수를 줄 수도 있고, 평균을 초과해서 8장을 모았을 때 1점을 줄 수도 있다. 이번에는 피의 장수가 아니라 플레이 횟수의 측면에서 검토해보자. 3인 고스톱의 경우 1인당 플레이하는 횟수는 7회이고, 4인 고스톱은 5회이다. 3인 고스톱의 경우 7번 플레이하고 점수를 얻는데 필요한 피의 장수는 10장이므로, 1회 플레이당 피의 비율은 $\frac{10}{7}$으로 약 1.4이다. 4인 고스톱의 경우 5번 플레이하므로, 점수를 얻는데 필요한 피의 장수를 7장으로 하면 1회 플레이당 피의 비율은 $\frac{7}{5} = 1.4$로 3인 고스톱의 경우와 비슷해진다.

그러므로 1인당 피의 장수와 1회 플레이당 피의 장수의 2가지 측면에서 살펴보았을 때, 4인 고스톱의 경우 피를 7장 모았을 때 1점을 주는 것으로 규칙을 정하는 것이 합리적이라 하겠다.

●◉◐ 부정방정식

앞에서 3인 고스톱의 경우 깔아 놓은 장수를 x, 손에 들고 있는 장수를 y라 할 때 만족하는 등식은 $x + 6y = 48$이다. 이때, 미지수는 x, y로 2개이고, 만족하는 등식은 1개이다. 이와 같이

미지수의 개수 > 만족하는 등식의 개수

인 식을 부정방정식이라 한다. 이때 '부정'은 한자로 '不定'으로 '정해지지 않았다'는 뜻이다. 해가 너무 많아서 어느 것 하나를 해라고 정할 수 없다는 의미로 이해할 수 있다.

부정방정식의 경우 일반적으로 해가 무한히 많다. 그러나 부정방정식의 변수에 자연수 또는 정수 등의 조건이 있게 되면 해가 유한개가 되는 경우가 많다. 앞에서 살펴본 3인 고스톱 방정식 $x + 6y = 48$의 경우에도 변수 x, y가 자연수이므로 해의 개수가 유한개가 되었다.

●◉◐ 마무리하며

잘 알려진 고스톱 게임을 동시에 할 수 있는 인원수가 최대 3명이라는 큰 단점을 갖고 있는데, 이 단점을 극복하고 4명이 동시에 할 수 있는 방법에 대하여 알아보았다.[2] 4명이 하는 방법을 알아내기 위해

---

[2] 5명이 동시에 하는 방법은 독자 여러분이 같은 방법으로 어렵지 않게 알아낼 수 있을 것으로 생각된다. 자신 있게 도전해보기를 권한다.

가장 먼저 한 것은 2명, 3명일 때 이미 따르고 있는 규칙이 왜 그렇게 되었는지 이유를 분석하는 것이었다. 분석을 통해 이론적으로는 다른 방법도 가능함을 알았고, 가능한 여러 가지 방법 중에서 현실적이고 합리적인 방법은 이미 따르고 있는 규칙이었다. 이런 분석을 통해 광 팔지 않고 4명이 할 수 있는 방법을 알아내었고, 나아가 점수 규칙도 어떻게 하는 것이 합리적인지 알 수 있었다.

이런 전체적인 과정에서 사용된 수학적 내용은 $x + 6y = 48$과 같은 간단한 방정식이었고, 이 방정식의 자연수 해를 구하는 것은 독자 여러분도 쉽게 이해할 수 있는 내용이었다. 이처럼 중고등학교 교육과정의 어렵지 않은 수준의 수학 내용으로도 일상생활 속에 접하는 불편하거나 개선되었으면 하는 문제를 해결할 수 있다. 독자 여러분이 접하는 생활 속의 문제를 스스로 해결하고 생활 속 수학의 즐거움을 느낄 수 있기를 바란다.

02
카드 섞기와 수학

궁금해요

카드 게임을 할 때 카드가 잘 섞이도록 셔플을 하는데 얼마나 여러 번 해야 하나요? 화투할 때도 패가 잘 섞이게 하려면 얼마나 여러 번 섞어야 하나요?

◉◉◉ 트럼프 카드

트럼프 카드Trump Card 는 포커Poker, 솔리테어Solitaire와 같은 여러 가지 게임의 도구로 사용되고 있으며 마술사들의 마술 도구로도 자주 사용된다. 트럼프 카드의 정식 명칭은 플레잉 카드Playing Card이지만, 승리를 뜻하는 단어 'Triumph'에서 유래된 트럼프 카드Trump Card라는 명칭이 더 널리 사용되고 있다.

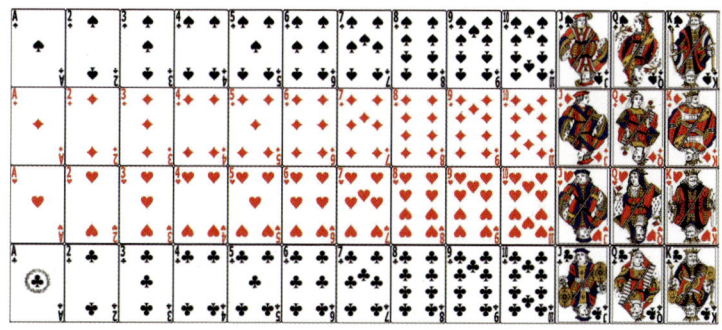

트럼프 카드 한 벌은 52장이며, 스페이드(♠), 다이아몬드(♦), 하트(♥), 클로버(♣)의 4가지 무늬별로 각각 13장씩이고, 각 무늬별로 2, 3, 4, 5, 6, 7, 8, 9, 10, Jjack, Qqueen, Kking, Aace의 숫자 또는 라틴 문자가 적혀 있다.

❖ 카드 섞는 방법

카드로 게임을 할 때, 가장 먼저 하는 일은 카드를 섞는 일이다. 카드 섞는 것을 영어로는 카드 셔플링card shuffling이라고 한다. 카드 섞는 방법은 여러 가지가 있으나 흔히 사용되는 방법은 리플 셔플riffle shuffle과 힌두 셔플Hindu Shuffle이다.

리플 셔플(riffle shuffle)

힌두 셔플(Hindu Shuffle)

리플 셔플은 카드를 섞을 때 가장 흔하게 사용하는 방법으로, 카드를 두 부분으로 나눈 다음 두 부분에 있는 카드들을 하나씩 교대로 엇갈리게 섞는 방법이다.

힌두 셔플은 화투를 섞을 때 사용하는 방법과 비슷한 방법인데, 다른 점은 오른손으로 카드를 잡는 방법이 화투를 잡는 방법과 약간 다르다는 것이다. 힌두 셔플 하는 방법은 카드 전체를 오른손에 들고, 오른손의 카드를 위에서 몇 장씩 묶음으로 왼손에 있는 카드 묶음 위에 놓는 것을 반복하며 섞는다.

카드 섞기를 함수로 이해하기

카드 섞는 것을 수학적으로 분석하기 위해서는 우선 카드 섞는 것을 수학적 대상으로 만들어야 한다. 카드 섞는 것을 함수로 이해할 수 있다고 하는데 어떻게 해서 함수로 이해할 수 있는지 알아보자.

리플 셔플 방법으로 섞는 첫 번째 과정은, 카드 한 벌을 대충 반씩 두 더미로 나누고, 한 더미는 왼손에 다른 더미는 오른손에 쥐는 것이다. 두 번째 과정은, 양손에 각각 쥐고 있는 카드를 적당히 규칙적으로 번갈아가며 떨어뜨려 양손의 카드가 서로 섞이게 하는 것이다.

예를 들어, 전체 카드가 6장일 때의 리플 셔플을 생각해보자. 왼손에 3장, 오른손에 3장을 쥐고 있고, 다음 그림과 같이 적당히 떨어뜨려 섞었다고 하자.

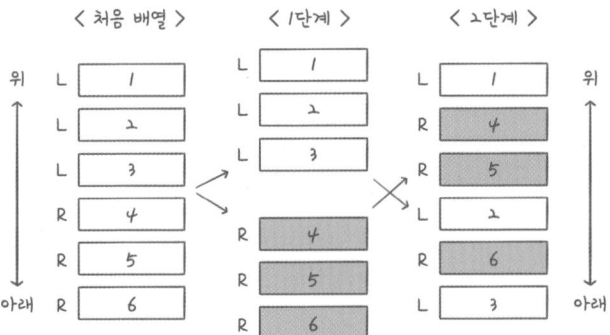

위에서 섞은 것은 전체 카드 [1-2-3-4-5-6]을 왼손에 [1-2-3], 오른손에 [4-5-6]의 두 더미로 나누어 쥐고 적절히 떨구어 섞어서 [1-4-5-2-6-3]이 되도록 만든 것이다. 이때 전체 6장의 카드가 위에서부터 놓인 순서를 보면, 셔플 전에 [1-2-3-4-5-6]의 배열이었던 것이 셔플 후에 [1-4-5-2-6-3]의 배열이 되었다.

카드를 섞기 전후에 전체 카드가 놓인 순서는 다음과 같다.

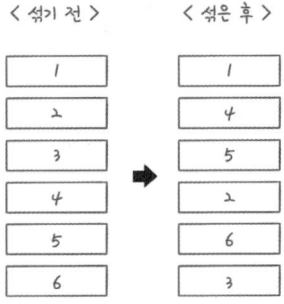

그러므로 이 셔플은 카드가 놓은 순서가 다음과 같이 바뀐 것이다.

$$1 \to 1, \quad 2 \to 4, \quad 3 \to 5, \quad 4 \to 2, \quad 5 \to 6, \quad 6 \to 3$$

따라서 이 셔플을 집합 {1, 2, 3, 4, 5, 6}에서 {1, 2, 3, 4, 5, 6}으로 가는 다음과 같은 함수로 볼 수 있다.

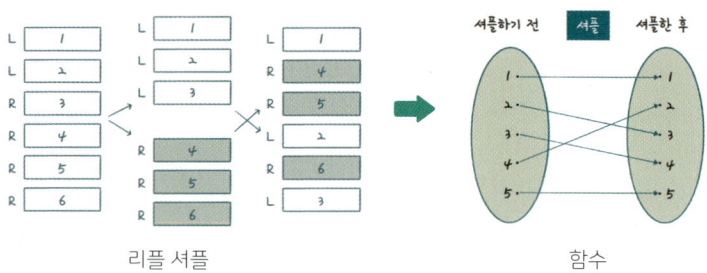

리플 셔플　　　　　　　　　　함수

이렇게 해서 한 번 셔플하여 카드 섞는 것을 함수로 이해할 수 있게 되었다. 이런 형태의 함수 중에 수학자들이 오래전부터 사용하고 있는 다음과 같은 함수가 있다.

> 집합 {1, 2, 3, ⋯, n}에서 {1, 2, 3, ⋯, n}으로의 일대일 대응 함수를 **순열(permutation)**이라 부르고, {1, 2, 3, ⋯, n}의 모든 순열들의 집합을 S_n으로 나타낸다.

●◐◑ 리플 셔플의 수학적 모형

카드 셔플의 성질을 수학적으로 연구하기 위해서는 우선 카드 셔플을 수학적 대상으로, 즉 카드 셔플의 수학적 모형을 만들어야 한다. 카드 셔플 방법 중에서 가장 많이 사용되는 리플 셔플의 수학적 모형에 대하여 알아보자.

앞서 알아본 것과 같이, 리플 셔플하는 방법은 두 단계로 이루어져 있다. 첫 번째 단계는 카드 한 벌을 대충 반씩 두 더미로 나누어 양손에 각각 쥐는 것이고, 두 번째 단계는 양손에 있는 카드를 적절히 번갈아가며 떨어뜨려 카드끼리 서로의 사이에 끼어 섞이게 하는 것이다.

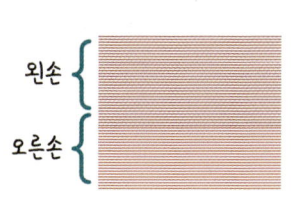

1단계: 카드를 두 더미로 나눈다.   2단계: 양쪽 더미의 카드를 번갈아가며 섞는다.

✽ 1 단계

1단계에서는 전체 카드를 두 더미로 나누어 양손에 각각 쥐게 된다. 이때 전체 카드를 정확하게 절반씩 나누면 이상적이겠지만 실제로 셔플할 때에 정확하게 절반씩 나누는 것은 쉽지 않다. 대충 절반에 가깝게 나누려고 애쓰게 되는데, 여러 번 시행하게 되면 절반에 가깝게 나누게 되는 경우가 많을 것이고 어느 한쪽이 매우 많게 되는 경우도 가끔 나오게 될 것이다. 따라서 1단계에서 카드를 두 더미로 나누는 것을 수학적 모형으로 만들 때 이런 특성을 갖도록 해야 할 것이다. 즉, 카드를 두 더미로 나누는 경우가 일어날 가능성을 지정할 때, 절반씩에 가깝게 나누는 경우가 일어날 가능성이 크고, 어느 한쪽이 매우 많게 나누는 경우가 일어날 가능성은 매우 적도록 해야 할 것이다.

다행스럽게도 이런 특성을 갖는 확률분포가 이미 있는데, 대표적으로 이항분포binomial distribution가 있다.

이항분포의 대표적인 예로는 동전 던지기가 있는데, 동전 여러 개를 동시에 던졌을 때 앞면(또는 뒷면)이 나온 개수에 대한 분포이다. 예를 들어, 동전 10개를 동시에 던지는 것을 여러 번 하면 앞면(또는 뒷면)이 5개 정도 나오는 경우가 많을 것이고, 앞면(또는 뒷면)이 나온 개수가 0 또는 1인 경우는 매우 적을 것이다.

따라서, 동전 n개를 던졌을 때 앞면이 k개, 뒷면이 $n-k$개 나오는 확률을 n장의 카드를 k장의 더미와 $n-k$장의 더미로 나눌 때의 확률로 생각할 수 있으며 이 확률을 수식으로 나타내면 다음과 같다.

$$P(H=k) = \binom{n}{k}\frac{1}{2^n}, \ 0 \leq k \leq n$$

예를 들어 동전 8개를 동시에 던졌을 때 즉, $n=8$이라고 할 때, 앞면이 나온 동전의 개수 k의 값에 따른 확률은 다음과 같다.

k의 값	0	1	2	3	4	5	6	7	8	합계
확률	$\frac{1}{256}$=0.39%	$\frac{8}{256}$=3.13%	$\frac{28}{256}$=10.94%	$\frac{56}{256}$=21.88%	$\frac{70}{256}$=27.34%	$\frac{56}{256}$=21.88%	$\frac{28}{256}$=10.94%	$\frac{8}{256}$=3.13%	$\frac{1}{256}$=0.39%	1=100%

위 표에서 k의 값이 3일 때 확률이 21.88%라는 것은 동전 8개를 동시에 던졌을 때 앞면이 나온 동전이 3개일 확률이 21.88%라는 뜻이다. 그리고 이것은 카드 8장을 두 더미로 나누었을 때, 왼손에 3장 오

른손에 5장이 되도록 나눌 확률이 21.88%라는 것과 같은 뜻이다.

위 표에서 각각의 k값에 대한 확률을 살펴보면, 8장의 카드를 반반에 가깝게 나눌 확률이 높고, 어느 한쪽이 매우 많게 나눌 확률은 매우 작음을 알 수 있다. 사람마다 카드를 나누는 확률이 다르겠지만 대체로 위 표와 비슷하다고 볼 수 있다.

❈ 2단계

2단계에서는 두 더미로 나누어 왼손과 오른손에 각각 쥐고 있는 카드를 적절히 번갈아 가며 떨어뜨려 카드끼리 서로의 사이에 끼어 섞이게 해야 한다. 이때, 카드를 떨어뜨리는 것을 수학적 모형으로 만들기 위해서는 양손에 각각 쥐고 있는 카드를 떨어뜨릴 확률이 얼마나 되는지 정해야 한다. 두 더미에 있는 카드를 떨어뜨릴 때, 이상적인 방법은 양손에 같은 수의 카드가 남아 있고, 양손에 있는 카드를 한 장씩 정확하게 번갈아 가며 떨어뜨리는 것이다. 그러나 대부분의 경우 양손에 각각 남아 있는 카드의 장수가 다르다. 그리고 심리적으로 많이 남아 있는 쪽의 카드를 떨어뜨릴 확률이 높고, 조금 남아 있는 쪽의 카드를 떨어뜨릴 확률이 낮다. 그러므로 양손에 각각 남아 있는 카드의 장수에 비례해서 떨어뜨릴 확률을 지정하는 것은 자연스러운 것으로 볼 수 있다.

> 왼손과 오른손에 남아 있는 카드의 장수가 각각 a장, b장이라 하자. 이때, 왼손의 카드를 먼저 떨어뜨릴 확률은 $\dfrac{a}{a+b}$이고, 오른손의 카드를 먼저 떨어뜨릴 확률은 $\dfrac{b}{a+b}$이다.

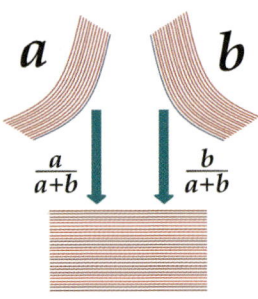

예를 들어, 왼손에 30장, 오른손에 22장이 있는 경우, 왼손의 카드를 떨어뜨릴 확률은 $\frac{30}{30+22}$ = 57.7%이고, 오른손의 카드를 떨어뜨릴 확률은 $\frac{22}{30+22}$ = 42.3%이다. 왼쪽이 30장으로 오른쪽보다 8장 더 많을 때, 왼쪽의 카드를 떨어뜨릴 확률 57.7%는 실제의 경우와 어느 정도 비슷하다고 볼 수 있다.

위에서 두 단계로 나누어 설명한 리플 셔플의 수학적 모형은 1955년 길버트Gilbert와 섀넌Shannon에 의하여 개발되었고, 그리고 1981년에 리즈Reeds에 의하여 독립적으로 개발되었으며, 이들 세 연구자의 이름의 첫 글자를 따서 보통 GSR 모형이라고 부른다. 이 모형은 간단하면서도 자연스럽게 정의되어 있으며, 수학적으로 분석하는 데에도 편리하다는 장점이 있다.

그런데 이 모형이 실제로 사람들이 하는 리플 셔플과 정말로 비슷한지에 대한 의문을 가질 수 있다. 이런 의문에 대하여 확인하는 연구가 이미 진행되었는데, 1988년에 디아코니스Diaconis는 GSR 모형이 실제 사람들이 하는 리플 셔플과 잘 맞는다는 연구 결과를 발표하였다.

트럼프 카드가 잘 섞이게 하려면 셔플을 몇 번 해야 될까?

이제 트럼프 카드가 잘 섞이게 하려면 셔플을 얼마나 여러 번 해야 하는지 알아보자.

트럼프 카드로 게임을 할 때 가장 먼저 하는 것이 카드를 잘 섞는 것인데 카드를 섞기 위해 셔플을 몇 번 해야 한다는 규정이 딱히 없다. 그래서 사람마다 셔플하는 횟수가 다르다.

리플 셔플의 경우 보통 3, 4번 정도 하는데, 어떤 사람이 셔플을 1, 2번만 했을 경우에 카드가 충분히 섞이지 않으니 셔플을 더 하라고 요구하기도 마땅치 않고, 반대로 셔플을 5, 6번 이상 여러 번 하면 셔플하는 데 시간이 너무 많이 걸리고 그렇게 많이 할 필요가 있나 하는 생각도 든다.

TABLE 1
Total variation distance for m shuffles of 52 cards

m	1	2	3	4	5	6	7	8	9	10
$\|Q^m - U\|$	1.000	1.000	1.000	1.000	0.924	0.614	0.334	0.167	0.085	0.043

Bayer and Diaconis, 1992

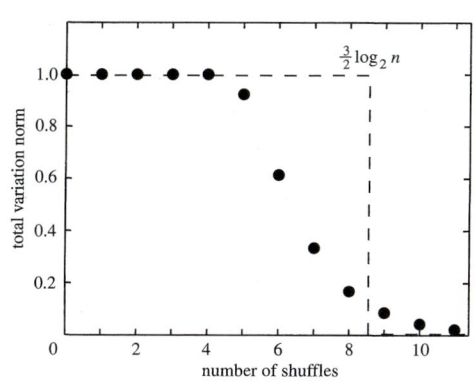

Trefethen, 2002

아무튼 트럼프 카드가 충분히 섞이게 하기 위해서 셔플을 몇 번 해야 하는지 수학적으로 근거를 갖고 정확하게 제시되면 좋겠다.

여러 수학자들이 트럼프 카드를 잘 섞는 문제에 대하여 연구했는데, 1992년에 베이어Bayer와 디아코니스가 몇 번 셔플을 해야 하는지에 대하여 결정적인 연구 결과를 발표하였다. 그들은 리플 셔플의 GSR 모형을 이용하여 연구하였으며, 셔플한 횟수가 6번까지는 잘 섞이지 않다가 7번째에서는 많이 섞이게 된다는 결과를 얻었다.

그리고 실제 카지노에서는 한 번에 여러 벌의 카드를 섞는데, 연구 결과에 따르면 2벌을 섞을 때에는 리플 셔플을 9번 해야 하고, 6벌을 섞을 때에는 12번 해야 카드가 충분히 섞인다.

❊ 카드가 충분히 섞이지 않은 경우

카드가 충분히 섞이지 않은 경우에는 섞기 전 카드의 배열을 통해 섞은 후의 카드 배열의 분포가 어떤지 어느 정도 예상할 수 있다.

예를 들어 52장의 카드를 뒤집어서 쌓아 놓고, 위에서부터 한 장씩 뒤집어져 있는 카드의 숫자와 무늬를 정확하게 맞추는 게임을 한다고 하자. 카드의 배열을 전혀 모르고 있는 경우, 위에서부터 한 장씩 맞추려고 했을 때, 전체 52장의 카드 중에서 숫자와 무늬를 모두 정확하게 맞출 수 있는 장수는 평균 4.5장이다.

그런데 베이어와 디아코니스의 연구 결과에 따르면, 카드의 처음 배열이 어떻게 되어 있는지 알고 있을 때 그 카드를 1번 리플 셔플한 후에 뒤집어 놓은 경우 평균 31장을 정확하게 맞출 수 있고, 2번, 3번 리플 셔플한 후에 뒤집어 놓은 경우에는 각각 19장, 12장 정도를 정확하게 맞출 수 있다.

이처럼 셔플의 횟수를 적게 해서 카드가 충분히 섞이지 않으면 처음 배열의 정보를 통해 셔플한 후의 카드를 맞출 수 있는 가능성이 커진다는 것을 알 수 있다.

그러나 7번 리플 셔플한 후에 뒤집어 놓은 경우에는 평균 4.97장을 정확하게 맞출 수 있으며, 카드의 배열을 전혀 모르고 있는 상태에서 맞출 수 있는 평균 4.5장과 거의 같게 된다. 따라서 7번 리플 셔플하게 되면, 처음 배열의 정보를 알고 있다고 하더라도 셔플한 후의 카드를 맞출 가능성이 커지지 않음을 알 수 있다.

TABLE 5
Number of cards guessed correctly after k shuffles of 52 cards

k	1	2	3	4	5	6	7	8	9	10
No cut	31.17	19.69	12.92	8.80	6.56	5.51	5.01	4.76	4.65	4.60
Cut	29.45	19.09	12.69	8.70	6.50	5.46	4.97	4.73	4.63	4.57

Bayer and Diaconis, 1992

♣ 다른 방법으로 셔플할 경우

트럼프 카드가 잘 섞이게 하기 위해 필요한 셔플의 횟수는 셔플하는 방법에 따라 다르다. 리플 셔플의 경우에는 7번 이상 해야 하는데, 다른 방법으로 셔플하는 경우에는 몇 번 해야 할까?

우선 **오버핸드**overhand **셔플**의 경우에 대하여 알아보자. 오버핸드 셔플은 오른손에 쥔 카드를 왼손에 넘겨주면서 섞는 방법으로, 오른손을 움직이면서 오른손 무더기의 맨 위 카드를 왼손으로 넘겨준다.

이 방법으로 섞을 경우에 카드가 잘 섞이게 하기 위해 몇 번 셔플을 해야 하는지에 대한 연구로는 대표적으로 페만틀Pemantle의 연구가 있다. 페만틀이 1988년에 발표한 연구 결과에 따르면, n장의 카드

오버핸드 셔플(Overhand Shuffle)   스무싱(smooshing) 셔플

를 오버핸드 셔플로 잘 섞이게 하기 위해서는 $n^2 \log n$회 셔플 하면 충분히 잘 섞인다. 트럼프 카드의 경우에는 카드가 52장이므로, $n=52$이고, 이 경우에 약 10000회 정도 셔플 하면 된다.

이번에는 **스무싱**smooshing **셔플**의 경우에 대하여 알아보자. 스무싱 셔플은 트럼프 카드를 모두 바닥에 깔아 놓고 두 손으로 카드를 무작위로 움직여서 섞는 방법이다. 이 방법으로 섞을 경우에 카드가 잘 섞이게 하기 위해서는 약 1분 정도 두 손을 움직이며 섞어야 한다.

트럼프 카드 섞기, 컷오프 현상

앞에서 트럼프 카드를 리플셔플할 때, 6번째까지는 잘 섞이지 않다가 7번째에는 갑자기 많이 섞이게 된다고 하였는데, 이런 현상을 **컷오프**cut-off **현상**이라고 한다.

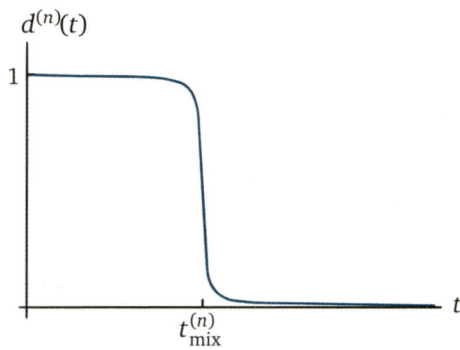

특별한 것으로 보이는 컷오프 현상이 실제로 많은 확률 시스템에서 공통으로 나타나는 현상임이 알려져 있다. 컷오프 현상에 대한 연구는 트럼프 카드 셔플 등에서 1990년대에 처음 발견된 후, 2000년대 말에 새로운 연구의 돌파구가 마련되면서 많은 연구자들에 의하여 연구되었는데, 이 현상이 고온 상태의 상호작용 입자시스템, 자기 시스템 등 통계역학의 모형들에서 공통적으로 나타나는 현상임이 밝혀지고 있다.[1]

●◎◐ 화투 잘 섞기 위해서는 몇 번 섞어야 될까?

이제 화투가 잘 섞이게 하기 위해서 얼마나 많이 화투 섞기를 해야 하는지 알아보자.

---

[1] 서인석 (2019). 트럼프 카드를 몇 번 섞어야 공평한 카드놀이를 할 수 있을까?. 과학의 지평. http://horizon.kias.re.kr

❖ 화투 섞기의 분석

화투 섞는 과정을 살펴보면 다음과 같다.

전체 48장의 화투 뭉치를 모두 오른손에 쥐고 있고, 이것을 적당히 섞이도록 왼손으로 이동시킨다고 하자. 화투를 섞기 위해 우선 오른손에 있는 화투 뭉치에서 위에 있는 화투 몇 장을 소묶음으로 하여 왼손에 있는 화투 위에 놓는다. 그리고 이 방법을 오른손에 남아있는 화투가 하나도 없을 때까지 반복해서 한다.

이 과정은 다음과 같이 3단계로 구분하여 나눌 수 있다.

1단계. 임의 분할 random partitioning

48장 한 묶음을 몇 개의 소묶음으로 나눈다.[2]

2단계. 거꾸로 바꾸기 reverse substitution

소묶음들의 순서를 거꾸로 바꾸어, 위에 있었던 소묶음이 아래로 가도록 하여 쌓아 놓는다.

---

2 실제로 화투를 섞을 때에는 한 묶음 전체를 몇 개의 소묶음으로 먼저 나누지는 않는다. 그러나 단계 구분의 편의를 위해 묶음 전체를 몇 개의 소묶음으로 먼저 나눈 것으로 본 것이다.

3단계. 반복 시행

앞의 두 단계를 여러 번 반복한다.

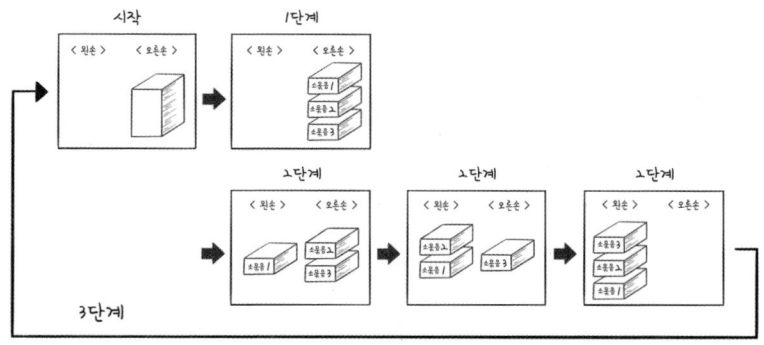

예를 들어 설명해보자.[3] 우선 오른손에 한 묶음으로 있는 48장의 화투에 위에서부터 아래로 1부터 48까지 각각 번호를 붙였다고 하자.

1번째 시행

1단계: 48장의 화투를 위에서부터 각각 14장, 19장, 15장씩 3개의 소묶음으로 임의 분할했다고 하자. 그러면 화투의 배열은 다음과 같다.

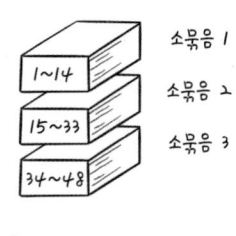

위 → 아래

소묶음 1: 01 02 03 04 05 06 07 08 09 10 11 12 13 14,

소묶음 2: 15 16 17 18 19 20 21 22 23 24 25 26 27 28 29 30 31 32 33,

소묶음 3: 34 35 36 37 38 39 40 41 42 43 44 45 46 47 48.

---

3 허명회, 이용구. (2010). 화투 섞기의 과학. 응용통계연구, 23(6), 1209-1216.

2단계: 3개의 소묶음으로 분할된 화투를 오른손에서 왼손으로 이동시키면, 오른손의 맨 위에 있는 소묶음은 왼손의 맨 아래로 이동하게 된다. 즉, 오른손에 있는 화투의 소묶음 순서가 왼손으로 이동하면서 소묶음 순서가 거꾸로 바뀐다.

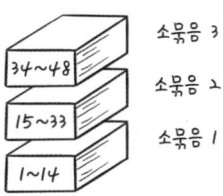

위 ――――――――――→ 아래

소묶음 3: 34 35 36 37 38 39 40 41 42 43 44 45 46 47 48,

소묶음 2: 15 16 17 18 19 20 21 22 23 24 25 26 27 28 29 30 31 32 33,

소묶음 1: 01 02 03 04 05 06 07 08 09 10 11 12 13 14

이 배열에서 첫 장 '34'를 제외한 47장의 화투 중 '15'와 '01'을 제외한 45장의 화투가 앞 장의 다음 번호임을 관찰할 수 있다. 또한 큰 번호들이 앞에 나타나고 작은 번호들이 뒤에 나타나는 경향이 있음을 알 수 있다(출발배열과의 상관계수 = −0.77).

2번째 시행

1단계: 이번에는 48장의 화투가 위에서부터 각각 18장, 18장 12장씩 3개의 소묶음으로 분할됐다고 하자. 그러면 화투의 배열은 다음과 같다.

위 ――――――――――→ 아래

소묶음 1: 34 35 36 37 38 39 40 41 42 43 44 45 46 47 48 15 16 17,

소묶음 2: 18 19 20 21 22 23 24 25 26 27 28 29 30 31 32 33 01 02,
소묶음 3: 04 05 06 07 08 09 10 11 12 13 14.

2단계: 묶음 순서를 거꾸로 하면 전체 배열은 다음과 같이 된다.

위 ────────────────→ 아래

소묶음 3: 03 04 05 06 07 08 09 10 11 12 13 14,
소묶음 2: 18 19 20 21 22 23 24 25 26 27 28 29 30 31 32 33 01 02,
소묶음 1: 34 35 36 37 38 39 40 41 42 43 44 45 46 47 48 15 16 17.

이 배열에서 첫 장 03을 제외한 47장의 화투 중 모두 43장[4]의 화투가 앞 장의 다음 번호임을 관찰할 수 있다. 또한 작은 번호들이 앞에 나타나고 큰 번호들이 뒤에 나타나는 경향이 있음을 알 수 있다(출발 배열과의 상관계수 = 0.73).

위의 예를 통해서 다음과 같은 사실을 알 수 있다.

첫째, 화투 섞기에서 소묶음의 개수가 s개일 때, 연이은 카드 번호가 나타나는 횟수는 우연한 중복이 없다면 반복 1회당에 $s-1$개씩 감소한다.

둘째, 화투 섞기의 횟수가 많아질수록 출발 배열과의 상관계수는 점차 0에 가까워진다. 즉, 처음 배열과의 관계가 적어져서, 결국 처음 배열되었던 화투가 잘 섞인다고 할 수 있다.

---

4 첫 번째 시행에서 제외된 '15'와 '1이'과 '18'과 '34'가 추가로 제외된다.

❋ 화투 섞기에 대한 연구 결과

앞에서 살펴보았듯이 화투 섞기 과정에서 중요한 요인은 화투를 소묶음으로 분할하는 개수와 화투 섞기를 반복하는 반복 횟수이다. 사람들이 실제 화투를 할 때 화투 섞는 것을 관찰해보면 소묶음의 개수는 4개 내외이고, 반복 횟수는 6회 이하이다.

허명회와 이용구[5]는 화투 섞기에 대하여 연구하였는데, 모의 시행을 통하여 화투의 소묶음 개수와 거꾸로 바꾸기의 횟수에 따라 화투가 얼마나 잘 섞이는지 연구하였다. 이 연구에서 소묶음의 개수(s)를 4개, 8개로 하고, 거꾸로 바꾸는 섞기의 횟수(m)를 6회에서 192회까지 변화했을 때 처음 화투의 배열과 비교했을 때 얼마나 잘 섞였는지 조사하였다. 이때 얼마나 잘 섞였는지 조사하기 위해 화투를 섞기 전의 처음 배열과의 상관계수와 처음 배열의 연이은 순서가 몇 번 나타나는지 각각 조사하였다.

이 연구 결과 중에서 소묶음의 개수를 4개($s = 4$)로 하고, 거꾸로 바꾸는 섞기의 횟수(m)를 6개에서 192개까지 적절히 변화시키며 모의 시행을 각각 1000번씩 했을 때, 상관계수의 중간값과 연이은 순서의 출현 횟수의 평균을 조사한 결과를 소개하면 다음과 같다.

위 결과로부터 거꾸로 바꾸는 섞기의 횟수가 커질수록, 즉 화투 섞기를 많이 할수록 상관계수의 중간값이 0에 가까워지고, 연이은 번호 출현 횟수의 평균[6]이 1에 가까워짐을 알 수 있다. 또한 화투가 잘 섞이도록 하기 위해 필요한 거꾸로 바꾸는 섞기의 횟수는, 상관계수의 중

---

[5] 허명회·이용구 (2010). 화투 섞기의 과학. 응용통계연구, 23(6), 1209-1216.

[6] 화투가 처음 배열로부터 매우 잘 섞였다고 했을 때, 연이은 번호 출현 횟수의 평균은 1이다.

조건		상관계수의 중간값	연이은 번호 출현 횟수의 평균
소묶음의 개수 (s)	거꾸로 바꾸는 섞기의 횟수(m)		
$s = 4$	6	0.509	32.7
	12	0.259	23.2
	24	0.069	11.7
	48	-0.006	3.6
	96	-0.002	1.2
	144	0.007	1.0
	192	-0.007	1.0

소묶음 개수와 거꾸로 바꾸는 섞기의 횟수에 대한 모의 시행 결과

간값을 기준으로 했을 때는 48회 정도이고 연이은 번호 출현 횟수의 평균을 기준으로 했을 때는 96회 정도임을 알 수 있다.

화투 섞기에 대한 논의

사람들이 실제 화투를 섞을 때 나누는 정도로 화투를 섞을 경우(소묶음 4개 내외, 거꾸로 바꾸는 횟수 6회 내외) 연구 결과에 따르면 처음 화투의 배열과의 상관 계수의 중간값이 0.5 정도로 약한 상관이 있고[7], 연이은 번호 출현 횟수의 평균도 32회로 매우 많아, 화투가 충분히 섞였다고 보기 어렵다.

연구 결과에 따라 충분히 잘 섞이게 하려면 96회 정도 거꾸로 바꾸는 섞기를 해야 하는데, 실제로 저자가 섞기를 96회 반복해보니 시간

---

[7] 상관계수 r의 값은 $-1 \leq r \leq 1$의 값이며, 양수이면 양의 상관관계, 음수이면 음의 상관관계가 있다. 상관계수로 상관관계의 정도를 판단하는 기준은 $|r| \leq 0.4$이면 거의 상관이 없고, $0.4 \leq |r| \leq 0.6$이면 약한 상관이 있고, $0.6 \leq |r| \leq 0.8$이면 상관이 있고, $|r| \geq 0.8$이면 강한 상관이 있다.

이 약 3, 4분 정도 걸렸다. 그런데 시간도 문제지만, 96회 섞는 동안 손이 아프고 고통스러웠다. 따라서 연구 결과대로 매번 섞기를 96회 실행하는 것은 현실성이 부족하다고 할 수 있다.

그런데 실제 화투를 할 때 화투 섞는 과정을 보면 지금 연구한 방법만으로 섞는 것은 아니다. 대부분의 경우 화투를 섞을 때 우선 모든 화투를 바닥에 그림이 보이지 않도록 뒤집어 놓고 손으로 화투를 이리저리 섞는다.[8] 그런 후에 화투를 한 손에 모두 모으고, 앞에서 살펴보았던 방법인 소묶음으로 분할하고 소묶음을 거꾸로 바꾸는 섞기를 한다. 첫 번째 방법으로 섞는 48장인 화투를 스무싱 셔플로 섞는 경우 54장인 트럼프 카드가 잘 섞이기 위해서 30초에서 1분 정도 섞어야 한다는 연구 결과를 참고하면 대략 25초 이상 섞어야 할 것으로 짐작된다. 그러나 실제 화투를 섞을 때 스무싱 셔플로 섞는 시간은 대략 5초 내외의 짧은 시간이다. 그리고 두 번째 방법으로 섞는 것은 96회 정도 해야 하지만 실제 화투 섞을 때에는 대부분 6회 이내의 적은 횟수만큼 섞는다. 따라서 실제 화투에서 섞을 때 두 가지 방법을 혼합하여 섞지만, 각각의 방법으로 섞는 횟수가 매우 적기 때문에 두 가지 방법으로 섞는다고 해도 화투가 충분히 섞이기에는 충분하지 않을 것으로 짐작된다.

그러므로 화투가 잘 섞이도록 하기 위해서는 두 가지 방법 각각으로 섞는 시간과 횟수를 훨씬 더 많이 해야 한다는 것을 알 수 있다. 그러나 그렇게 하기에는 시간도 많이 걸리고 손이 아픈 고통이 따르기 때문에 실제 화투할 때 이상적인 수준으로 섞이게 하는 것은 쉬운 일

---

8 이렇게 섞는 방법을 스무싱(Smooshing) 셔플이라고 한다.

이 아님을 알 수 있다.

마무리하며

앞에서 트럼프 카드와 화투가 잘 섞이게 하기 위해서는 셔플링을 얼마나 많이 해야 하는지 수학적으로 알아보았고, 그 기준에 비추어 보았을 때 실제 카드 게임할 때나 화투칠 때 대부분의 사람들이 잘 섞이도록 충분히 셔플링하지 않는다는 것을 알았다.

연구 결과에 따르면 충분히 섞이기 위해서 트럼프 카드의 경우 리플 셔플을 7번 이상 해야 하고, 화투의 경우 96회 정도 섞어야 한다. 그런데 실제 게임을 할 때 이 정도 횟수만큼 섞는 것은 현실적으로 실행하기 어렵다. 따라서 수학적인 연구 결과를 제시하며 충분히 섞이게 셔플링을 많이 하도록 강요하는 것은 현실적 감각이 부족하다고 할 수 있다. 이상과 현실의 간극이 있음을 받아들이는 균형감이 필요하다고 할 수도 있으며, 충분히 섞이도록 해야만 하느냐에 대한 반론을 제시할 수도 있을 것이다. 충분히 섞이지 않는 것 때문에 생기는 현상을 게임 참가자들 모두 문제 삼지 않고 받아들일 수도 있기 때문이다.

충분히 섞이게 하기 위해 얼마나 많이 셔플링해야 하느냐를 수학적으로 엄밀하게 탐구하는 것은 중요한 과제이지만, 충분히 섞이게 하는 것의 필요성과 가치에 대해 숙고하는 것 또한 그에 못지않게 의미 있다고 하겠다.

03
도박사의 성공 전략

이냐는 내일 CLC배 포커 게임 결승전이 있는데

상대방이 실력이 좋아서 걱정이다.

시오와 전략을 상의하는데, 한 판의 금액을 적게 하는 것과

크게 하는 것 중에서 어떤 것이 좋을지 식별하는 게

어려워 고민이다~

도박사의 고민

화투 또는 트럼프로 하는 게임을 할 때 한 판에 거는 금액을 크게 하는 것이 유리할까 작게 하는 것이 유리할까?

게임을 하는 두 도박사 A, B의 실력이 똑같으면 어떻게 하더라도 두 도박사의 유불리가 같을 것이다. 그런데 A 도박사의 실력이 B 도박사보다 더 좋을 때, A 도박사는 한 판에 거는 금액을 크게 하는 것이 유리할까 아니면 작게 하는 것이 유리할까?

이런 고민은 도박사들에게만 해당하는 것이 아니다. 우리가 일상 중에 가위바위보로 뭔가를 결정하는 경우가 종종 있다. 이때 가위바위보 1번으로 승부를 결정하는 것이 좋을까? 아니면 3번 또는 5번과 같이 여러 번 해서 승부를 결정하는 것이 좋을까? 상대방이 여러분보다 가위바위보를 잘한다고 할 때, 가위바위보를 1번 해서 승부를 결정하는 것과 여러 번 해서 승부를 결정하는 것 중 어느 것이 여러분에게 유리할까?

비슷한 질문으로 다음과 같은 것도 있다.

> 여러분이 카지노에서 게임을 할 때, 한 판의 금액을 적게 하는 것과 한 판의 금액을 많게 하는 것 중 어느 것이 여러분에게 유리할까?

이런 질문에 대하여 어떻게 하는 것이 유리한지 정확하게 알아보도록 하자.

도박사의 파산 문제

이 질문들과 관련된 문제로 다음과 같은 '**도박사의 파산**Gambler's Ruin'이란 문제가 있다.

> **도박사의 파산(Gambler's Ruin)**
> 두 도박사 A_1, A_2가 각각 초기 자산 m_1, m_2포인트를 갖고 있고, 매 판마다 진 사람이 이긴 사람에게 자산 1포인트를 준다고 하자. 여러 판의 게임을 계속하여, 둘 중 한 사람의 자산이 0이 되면 파산하여 게임에서 패배한다.
> 두 도박사가 한 판의 도박을 이길 확률이 각각 p_1, p_2 ($p_1 + p_2 = 1$)라 할 때, 두 도박사가 파산할 확률 B_1, B_2는 각각 얼마인가?

위 문제에서 구하려 하는 파산할 확률은 p_1, p_2가 같을 경우와 다를 경우가 각각 다르다. 그러므로 p_1, p_2가 같을 경우와 다를 경우로 나누어 해를 제시하겠다.

❖ $p_1 = p_2 = \dfrac{1}{2}$ 인 경우

두 도박사의 실력이 같은 경우, 즉 $p_1 = p_2 = \dfrac{1}{2}$ 인 경우, 두 도박사의 초기 자산이 각각 m_1, m_2일 때, 두 도박사가 파산할 확률 B_1, B_2는 각각 다음과 같다.

$$B_1 = \frac{m_2}{m_1 + m_2}, \quad B_2 = \frac{m_1}{m_1 + m_2}$$

위의 식에서 $B_1+B_2=1$이다.

한 도박사가 파산하면 다른 도박사가 승리하는 것이므로, 첫 번째 도박사 A_1이 승리할 확률은 두 번째 도박사 A_2가 파산할 확률과 같다. 따라서 두 도박사 A_1, A_2가 승리할 확률 W_1, W_2는 각각 다음과 같다.

$$W_1 = B_2 = \frac{m_1}{m_1+m_2}, \quad W_2 = B_1 = \frac{m_2}{m_1+m_2}$$

예를 들어, 도박사 A_1의 초기 자산이 100포인트이고, A_2의 초기 자산이 200포인트라고 하자. 이때 A_1, A_2가 파산할 확률 B_1, B_2와 승리할 확률 W_1, W_2는 각각 다음과 같다.

$$B_1 = \frac{200}{100+200} = \frac{2}{3}, \quad B_2 = \frac{100}{100+200} = \frac{1}{3}$$
$$W_1 = B_2 = \frac{1}{3}, \quad W_2 = B_1 = \frac{2}{3}$$

> 두 도박사의 실력이 같은 경우 두 도박사가 도박에서 승리할 확률은 도박사가 초기에 각각 갖고 있는 초기 자산에 비례한다.

그러므로 실력이 같을 경우, 초기 자산을 많이 갖고 게임을 하는 것이 이길 확률이 높다.

❖ $p_1 \neq p_2$인 경우

두 도박사의 실력이 다른 경우, 즉 $p_1 \neq p_2$인 경우, 두 도박사의 초기 자산이 각각 m_1, m_2라 하자. 이때, 두 도박사의 파산할 확률 B_1, B_2는 각각 다음과 같다.

$$B_1 = \frac{1 - \left(\frac{p_2}{p_1}\right)^{m_1}}{1 - \left(\frac{p_2}{p_1}\right)^{m_1+m_2}}, \quad B_2 = \frac{1 - \left(\frac{p_1}{p_2}\right)^{m_2}}{1 - \left(\frac{p_1}{p_2}\right)^{m_1+m_2}} \quad \cdots (1)$$

식이 좀 복잡하지만 위의 식에서 $B_1 + B_2 = 1$이 성립한다. 그리고 한 도박사가 승리할 확률은 다른 도박사가 파산할 확률과 같으므로, 두 도박사가 승리할 확률 W_1, W_2는 각각 다음과 같다.

$$W_1 = B_2 = \frac{1 - \left(\frac{p_1}{p_2}\right)^{m_2}}{1 - \left(\frac{p_1}{p_2}\right)^{m_1+m_2}}, \quad W_2 = B_1 = \frac{1 - \left(\frac{p_2}{p_1}\right)^{m_1}}{1 - \left(\frac{p_2}{p_1}\right)^{m_1+m_2}}$$

❖ 실력의 차이를 초기 자산으로 만회하려면 얼마나 많이 필요할까?

한 도박사의 실력이 다른 도박사보다 낮은 경우 도박에서 승리할 확률을 높이기 위해서 초기 자산을 더 많이 갖고 하는 방법이 있다. 그러면 얼마나 더 많은 자산이 필요한지 구체적인 예를 들어 알아보자. 예를 들어, 두 도박사의 승률이 각각 p_1=0.49, p_2=0.51, 즉 49:51로

도박사의 한 판의 승률(%)		초기 자산(포인트)		첫 번째 도박사의 승률(%)
p_1	p_2	m_2	m_1	W_1 (%)
49	51	10	10	40.13
			11	41.99
			12	43.66
			13	45.19
			14	46.58
			15	47.84
			16	49.01
			17	50.07
			18	51.06
			19	52.00
			20	52.82

첫 번째 도박사의 초기 자산 변화에 따른 승률

근소한 차이라고 하자. 이때, 승률 51%인 두 번째 도박사의 초기 자산 m_2가 10포인트라고 할 때, 승률 49%인 첫 번째 도박사의 초기 자산 m_1을 10포인트에서부터 조금씩 늘렸을 때 첫 번째 도박사의 승률 W_1이 어떻게 변화하는지 계산하여 정리한 결과가 위 표에 제시되어 있다.

위 표에서 알 수 있듯이, 각 판에서의 승률이 49 : 51로 실력이 조금 뒤질 때, 초기 자산이 같으면 승률은 40 : 60이다. 초기 자산을 더 많이 가져서 49 : 51의 실력 차이를 만회하기 위해서는 초기 자산을 17포인트 정도 가져야 한다. 즉, 승률의 차이가 49 : 51일 때, 초기 자산은 17 : 10이 되어야 게임의 승률이 비슷하게 된다. 2%의 실력(승률) 차이를 자산으로 만회하려면 자산 차이가 17:10의 큰 차이가 필요하다. 작은 실력 차이라도 자산으로 만회하기 위해서는 큰 자산의 차이가 요구되며, 실력의 중요성을 느끼게 하는 대목이다.

한 판에 거는 금액, 그것이 문제로다!!

한 판에 거는 금액을 정하고 게임을 하다가 게임이 끝나갈 때가 다 가오면 많이 잃은 사람은 한 판에 거는 금액을 올리자고 하는 경우가 많다. 예를 들어 한 판에 1000원씩 걸고 게임을 하다가, 끝날 때가 다 가오면 많이 잃은 사람이 금액을 올려 2000원씩 걸고 하자고 하는 경우이다. 판을 크게 하면 잃은 돈을 만회할 가능성이 커질 것으로 생각하기 때문이다. 그런데 과연 판을 키우면 만회할 가능성이 커지는 걸까? 오히려 더 잃을 가능성이 커지는 것은 아닌지 알쏭달쏭하다. 이것에 대해 정확하게 알아보자.

한 판의 금액을 크게 할지 적게 할지

도박이든 게임이든 뭔가를 걸고 할 때에 중요한 것 중의 하나가 한 판에 얼마를 걸고 하느냐이다. 상대방보다 실력이 더 좋은 사람은 한 판에 거는 금액을 크게 하든 적게 하든 별로 고민하지 않을 것이다. 왜냐하면 어떻게 하든 결국은 자기가 딸 것이라고 생각하기 때문이다. 그런데 상대방보다 실력이 낮은 사람은 어떻게 하는 것이 자기에게 유리할지 고민이 많을 것이다. 자기가 잃을 가능성이 크기 때문에 조금이라도 잃을 가능성이 적은 방법을 선택하고 싶기 때문이다. 실력이 낮은 사람의 경우 한 판의 금액을 크게 하는 것이 좋은지 적게 하는 것이 좋은지 정확하게 알아보자.

게임에서 한 판의 금액을 크게 하는 것은 게임을 하는 사람들이 갖고 있는 금액을 줄이는 것과 같다. 예를 들어, 두 도박사가 각각 100달러씩 갖고 한 판에 1달러씩 걸고 하는 것과 각각 200달러씩 갖고 한 판에 2달러씩 걸고 하는 것은 같다. 왜냐하면 두 도박사가 갖고 있는 금액이 한 판에 거는 금액의 100배로 같기 때문이다. 그러므로 한 판의 금액을 변화시키는 것은 한 판에 거는 금액 1달러는 그대로 두고 두 도박사가 갖고 있는 초기 자산 m_1, m_2를 변화시키는 것과 같다.

이제 실력이 낮은 사람, 즉 한 판에 이길 확률이 $p<\frac{1}{2}$인 사람이, 초기 자산 a달러를 갖고, 한 판에 x달러씩 걸고 게임을 했을 때, 파산하여 질 확률 $f_a(x)$를 구해보자. 152쪽의 식 **(1)**로부터 다음 결과를 얻을 수 있다.

$$f_a(x) = \frac{r^{\frac{S}{x}} - r^{\frac{a}{x}}}{r^{\frac{S}{x}} - 1}$$

단, S는 두 도박사의 초기 자산의 합이고, $r = \frac{1-p}{p} > 1$이다. 이때, 위의 함수 $f_a(x)$에서 두 도박사의 초기 자산의 합 S, 실력이 낮은 도박사가 갖고 있는 초기 자산 a, 한 판의 게임에서 이길 확률 p가 일정하다고 하고, 한 판에 거는 금액 x(달러)가 변수, 즉 변한다고 하자. 함수 $f_a(x)$가 x에 대한 미분가능한 함수라고 할 때, 미분을 이용하여 다음 결과를 얻을 수 있다.

정리

$p < \dfrac{1}{2}$, $r = \dfrac{1-p}{p} > 1$이면, 다음 함수는 $x > 0$에서 감소함수이다.

$$f_a(x) = \dfrac{r^{\frac{S}{x}} - r^{\frac{a}{x}}}{r^{\frac{S}{x}} - 1}$$

❈ 감소함수와 증가함수

변수 x에 대한 함수 $f(x)$가 **감소함수**라는 것은 변수 x가 커질수록 함숫값 $f(x)$가 작아진다는 뜻이고, 감소함수의 그래프는 아래 그림과 같은 모양이다.

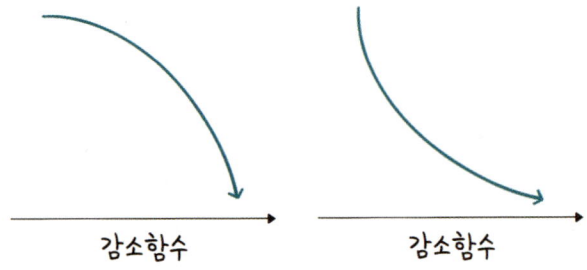

x의 값이 커질수록 함숫값 $f(x)$가 작아진다는 말에서, x의 값이 커진다는 것은 x축에서 오른쪽으로 간다는 뜻이고, $f(x)$가 작아진다는 것은 y축에서 아래로 내려간다는 뜻이므로, 그래프가 오른쪽으로 갈

수록 아래로 내려간다는 뜻이 된다.

반대로 **증가함수**가 있는데, 증가함수란 x의 값이 커질수록 함숫값 $f(x)$가 커진다는 뜻이다. 그리고 x의 값이 커진다는 것은 x축에서 오른쪽으로 간다는 뜻이고, $f(x)$가 커진다는 것은 y축에서 위로 올라간다는 뜻이므로, 그래프가 오른쪽으로 갈수록 위로 올라간다는 뜻이 된다.

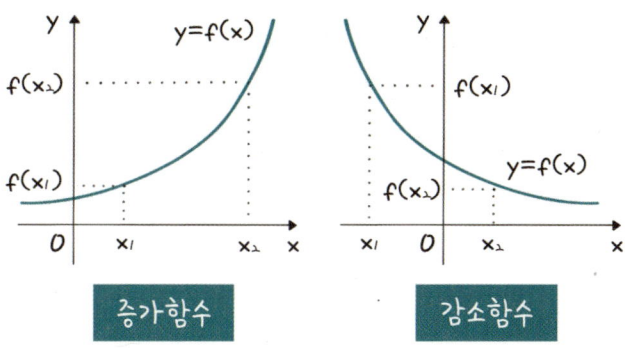

증가함수   감소함수

❈ 한 판의 금액을 크게 했을 때

이제 다시 앞의 정리에서 함수 $f_a(x) = \dfrac{r^{\frac{S}{x}} - r^{\frac{a}{x}}}{r^{\frac{S}{x}} - 1}$ 가 감소함수라는 것의 의미를 해석해보자. 감소함수란

> x의 값이 커질수록 함숫값 $f(x)$가 작아진다

는 뜻이므로, 다음과 같은 뜻이 된다.

> x의 값이 커질수록 = 한 판에 거는 금액을 크게 할수록
> 함숫값 $f(x)$가 작아진다 = 파산할 확률이 작아진다.

그러므로 다음과 같은 결론을 얻게 된다.

> 한 판에 거는 금액을 크게 할수록,
> 실력이 낮은 사람이 파산할(질) 확률이 작아진다.

따라서 실력이 낮은 사람은 한 판에 거는 금액을 크게 하는 것이 유리하다. 극단적으로 말하면, 실력이 낮은 사람은 한 판에 모든 것을 걸고 승부를 거는 것이 가장 유리한 방법이다.

그런데 이 결과는 많은 사람들이 실제 게임에서 하는 것과 다른 면이 있다. 왜냐하면, 실력이 낮은 사람은 한 판의 게임에서 자신이 질 가능성이 크기 때문에, 한 판에 거는 금액을 작게 하는 경향이 있기 때문이다. 그렇게 해야 한 판을 지더라도 돈을 적게 잃게 되고, 다음 판에 만회할 기회가 있을 것으로 생각하기 때문이다.

그런데 이런 생각은 옳지 않다. 왜냐하면 실력이 낮은 사람은 매번 자신이 이길 확률이 $\frac{1}{2}$보다 작기 때문에 다음 판에서 만회할 가능성이 작다. 오히려 실력이 좋은 사람은 이길 확률이 $\frac{1}{2}$보다 크기 때문에, 한 판 지더라도 다음 판에서 만회할 가능성이 크다.

> 한 판의 금액을 적게 하는 것은 실력이 좋은 사람에게
> 유리하고, 실력이 낮은 사람에게는 불리하다.

모험스러워 보이지만, 실력이 낮은 사람은 한 판의 금액을 크게 해서 자신이 잃을 가능성을 줄이는 것이 더 좋은 방법이다.

그러므로 게임을 할 때, 자신의 실력이 상대방보다 좋은지 나쁜지 정확하게 판단하는 것이 매우 중요하다. 그래서 자신의 실력이 상대방보다 좋으면 한 판의 금액을 적게 하고, 자신의 실력이 낮으면 한 판의 금액을 크게 하는 전략을 쓰는 것이 좋다.

❖ 카지노에서의 전략

이번에는 여러분이 카지노에서 게임을 한다고 생각해보자. 가령, 도박으로 유명한 미국의 라스베이거스의 대형 카지노에서 게임을 한다고 하자. 이때 여러분이 게임에서 돈을 딸 수 있을까? 어떤 전략으로 게임을 하는 것이 돈을 따는데 유리할까? 이런 것들에 대하여 알아보자.

슬롯 머신

1899년에 찰스 페이가 만든
"Liberty Bell" machine

예를 들어 카지노에서 슬롯 머신으로 게임을 하는 경우에 대해 알아보자.

슬롯 머신은 자동으로 도박을 할 수 있는 기계로, 1894년에 샌프란시스코의 찰스 페이Charles Fey, 1862~1944가 발명했고 그 뒤에 여러 가지로 개량되어, 현재의 것은 1906년경 완성되었다.

카지노에서 자동 도박 기계로 게임하는 것을 도박사의 파산 문제와 연결시켜 보면, 카지노는 게임을 하는 사람이 갖고 있는 초기 자본에 비해 자본금이 무한히 많다고 볼 수 있다. 그러므로 앞에서의 도박사의 파산 문제에서 극한 $m_2 \to \infty$를 취하면 된다. 그 결과 여러분이 카지노에서 자동 도박 기계로 게임을 했을 때, 여러분이 파산할 확률 B는 다음과 같다.

$$B = \begin{cases} 1 & p_1 < p_2 \\ \left(\dfrac{p_2}{p_1}\right)^{m_1} & p_1 > p_2 \end{cases} \quad \cdots \quad (3)$$

p_1: 여러분이 이길 확률, p_2: 도박기계가 이길 확률

그런데 슬롯 머신과 같은 카지노의 자동 도박 기계들은 도박기계가 이길 확률이 높도록, 즉 승률이 $p_1 < p_2$가 되도록 프로그램되어 있다. 그러므로 자동 도박 기계를 이용해서 게임을 하는 경우는 위 식 (3)에서 $p_1 < p_2$인 경우에 해당하고, 이 경우에 여러분이 파산할 확률은 100%이다.

카지노에서 슬롯 머신과 같은 도박 기계로 게임을 할 때 우리가 파

산할 확률이 100%라는 것을 명심할 필요가 있다. 물론 여기에는 무한히 많은 횟수의 게임을 한다는 가정이 있다. 그래서 일시적으로는 돈을 따는 경우가 있기도 하다. 그러나 게임을 하는 횟수가 많아질수록 우리가 파산할 확률이 높아지고 결국 돈을 모두 잃게 된다. 카지노에서 기계를 상대로 해서 돈을 따려고 하는 것은 가능성이 매우 낮은 일임을 명심해야 한다. 즐기기 위한 목적으로 게임을 하는 것이 바른 자세일 것이다.

그렇다면 카지노에서 도박 기계로 게임을 할 때 돈을 딸 수 있는 가능성이 높은 방법은 무엇일까? 즉, 자신의 승률이 상대방보다 낮은 불리한 게임에서 돈을 딸 수 있는 가능성이 가장 높은 방법은 무엇일까? 앞에서 보았듯이 "한 판에 거는 금액을 크게 할수록 실력이 낮은 사람이 파산할 확률이 작아진다"는 것과 "게임의 횟수가 많아질수록 파산할 확률이 높아진다"는 것을 고려하면 알 수 있듯이, **게임의 횟수를 줄이고, 한 판에 거는 금액을 크게 하는 것이다.** 극단적으로 말한다면, 한 판에 모든 것을 걸고 하는 것이다. 그렇게 하는 것이 수학적으로 가능성이 가장 크다.

두 사람이 게임을 할 때, 실력이 낮은 사람이 모든 것을 걸고 한 판 승부를 하자고 하는 것이 무모해 보일 수 있겠지만, 수학적으로는 가장 가능성이 높은 전략이라는 것이다. 반대로 실력이 좋은 사람은 적게 걸고 여러 판 하는 쪽으로 전략을 세우는 것이 이기는 데 더 유리하다. 게임을 할 때 상대방의 실력 수준을 정확하게 파악하는 것이 중요한 이유다.

도박사의 파산 문제의 역사

앞에서 도박사의 파산 문제에 대하여 알아보았는데, 이 결과는 도박에서 어떤 전략이 유리한지 알려주는 매우 중요한 결과이다. 도박사의 파산 문제는 역사가 매우 오래된 문제이다. 이 문제는 1656년 파스칼Blaise Pascal, 1623~1662이 페르마Pierre de Fermat, 1601~1665에게 쓴 편지에서 처음 등장하는데, 점수 문제Problem of points에 관한 파스칼과 페르마의 편지보다 2년 뒤의 것이다. 파스칼과 페르마는 각각 독립적으로 이 문제를 풀었다.

파스칼 　　　　　　　　페르마

같은 해에 이 문제는 페르마의 친구인 프랑스 아마추어 수학자 카르카비Pierre de Carcavi, 1603~1684를 통해 네덜란드 수학자 하위헌스Christiaan Huygens, 1629~1695에게 전해졌다.

1657년에 하위헌스는 16쪽짜리 논문 〈확률 게임의 추론De Ratiociniis in Ludo Aleae〉을 발표했는데, 이것은 확률론에 대하여 연구 발표된 최초의 논문이다. 이 논문에는 '도박사의 파산' 문제가 다른 4개의 문제와 함께 소개되었으며, 이런 이유로 도박사의 파산 문제를 하위헌스의 다

카르카비   하위헌스

섯 번째 문제라고 부르기도 한다. 이 문제는 다른 4개의 문제와 함께 확률론의 발전에 매우 중요한 역할을 하였으며, 많은 수학자들이 이 문제를 해결하고 다양한 방법으로 확장하기 위하여 노력하였다.

1656년 파스칼이 페르마에게 도박사의 파산 문제를 제안한 후, 이 문제는 주요 수학자들에 의하여 100년 이상 널리 연구되었다. 첫 번째 풀이는 파스칼과 페르마가 얻었으며, 하위헌스는 1657년 자신의 논문에 문제를 소개하고 대중에게 풀이를 제공하였다.

베르누이 Jacob Bernoulli, 1655~1705는 이 문제의 일반적인 형태에 대한 풀

베르누이   드 무아브르

이를 얻었는데 사후 8년이 지난 1713년에 발표되었고, 1711년에 드 무아브르Abrahamde Moivre, 1667~1754에 의해 일반화된 솔루션이 단순하고 우아한 방식으로 증명되었다.

그 이후로 연구는 게임의 지속 시간 문제에 더욱 집중되었는데, 18세기에 드 무아브르, 드 몽모르Pierre Remond de Montmort, 1678~1719, 니콜라스 베르누이Nicolaus II Bernoulli, 1695~1726, 라플라스Pierre-Simon Laplace, 1749~1827, 라그랑주Joseph-Louis Lagrange, 1736~1813 등의 여러 저명한 수학자들이 연구하였다. 특히 라그랑주는 1777년 생성 함수를 사용하여 n번째 시행에서 도박꾼이 파산할 확률에 대한 구체적인 공식을 구했다.

니콜라스 베르누이   라플라스   라그랑주

도박사의 파산 문제를 풀기 위해 널리 사용되었던 차분방정식의 방법은 이후 확산이론diffusion theory의 미분방정식에 활용되는 등 현대 금융이론에 매우 중요한 역할을 한다. 이렇게 고전적인 도박 상황에서의 문제는 현대 금융이론으로 발전하게 되었다.

🔵🟠 마무리하며

　많은 사람들이 즐거하는 게임인 화투와 트럼프에 대하여 화투를 4명 이상이 치려면 어떻게 해야 하는지, 화투와 트럼프가 잘 섞이게 하려면 어떻게 해야 하는지, 나보다 실력이 좋은 상대방과 게임을 할 때 어떤 전략을 사용하는 것이 유리한지 등의 자연스럽고 유용한 것에 대하여 차근차근 알아보았다.

　화투와 트럼프 카드에 대하여 자연스럽게 드는 질문 중에, 화투를 4명 이상이 치는 방법에 대한 것은 중고등학교 수준의 수학 내용으로 해결할 수 있었으나, 잘 섞이게 하는 것과 유리한 게임의 전략 등에 대한 것은 전문적인 수학자들이 해결한 고등 수학이 요구되는 것들이었다. 질문은 간단하고 쉽지만 그 해결책은 예상외로 어려울 수 있다는 것을 알 수 있다.

　중요한 것은 질문하는 것이다. 문제를 푸는 것은 나중 문제다. 우선 질문할 수 있어야 한다. 호기심과 궁금증을 갖고 어떻게 되는지 질문하는 것, 그것이 수학적 역량의 가장 중요한 최우선의 것 중의 하나이기 때문이다. 그리고 그런 태도는 수학적인 것에만 국한되어서는 안 되고 우리 삶과 관련된 모든 것에 적용되어야 할 것이다.

숫자로 사회 현상의
비밀을 풀다

01. 파레토 법칙
02. 지프의 법칙
03. 벤포드의 법칙

 자연 현상은 물리학, 화학, 생물학 등 자연과학의 법칙으로 설명할 수 있는 경우가 많다. 그러나 사회 현상은 사람들이 각자 자유 의지에 따라 개별적으로 행동하기 때문에 어떤 법칙이 있기 어려울 것으로 보인다. 그런데 놀랍게도 사회 현상에도 어떤 법칙이 있다는 것이 경험적으로 밝혀졌고 많은 연구가 이루어졌다.
 사람들이 소유하고 있는 재산의 분포, 도시의 인구수, 자주 사용하고 있는 단어, 회사의 회계 장부에 있는 숫자 등등 우리들의 일상 많은 것들 속에 놀랍게도 어떤 규칙이 있음이 밝혀졌다. 어떤 규칙들이 있는지 알아보자.

01
파레토 법칙

궁금해요

순희는 옷장에 옷은 많은데, 자주 입는 건 몇 개 안 되고 대부분 가끔 입는다. 핸드폰 앱도 엄청 많은데 자주 쓰는 건 몇 개 안 된다. 이렇게 자주 쓰는 것은 일부분이고 대부분은 가끔 쓴다. 순희 친구 택규도 그렇다는데, 다른 사람들도 그런가요?

원인과 결과 간의 불균형

옷장에 옷이 가득한데 입을 옷이 없고, 신발장에 신발이 가득한데 신을 신발이 없다고 불평하는 사람들이 있다. 부조리한 말이지만 많은 사람들이 공감한다.

대부분의 사람들은 옷장에 있는 옷들 중에 특별히 마음에 드는 옷을 다른 옷보다 훨씬 자주 입고, 신발장에 있는 많은 신발들 중에 특별히 마음에 드는 신발을 다른 신발보다 훨씬 자주 신는다. 핸드폰 앱도 마찬가지다. 여러 가지 앱을 많이 설치해 놓았지만, 자주 사용하는 앱은 몇 개 안되고, 나머지는 거의 사용하지 않는다. 이렇게 자주 사용하는 몇 개의 사용량이 전체 사용량의 대부분을 차지하는 현상은 비단 옷, 신발, 앱에 국한되지 않는다.

- 소수의 자주 통화하는 사람들과 통화한 시간이 전체 통화 시간의 많은 부분을 차지한다.
- 소수의 부자들이 소유하고 있는 재산이 국민 전체 재산의 많은 부분을 차지한다.
- 소수의 유능한 직원이 생산하는 성과가 전체 성과의 많은 부분을 차지한다.
- 소수의 탁월한 운동선수들이 받는 상금이 전체 상금의 많은 부분을 차지한다.
- 소수의 애주가들이 마시는 술이 전체 술 소비량의 많은 부분을 차지한다.

이와 같이 소수의 원인이 만든 결과가 전체의 대부분을 차지하는 불균형 현상을 주위에서 쉽게 발견할 수 있는데, 이런 특이한 현상에 대해 의문과 호기심을 갖고 깊게 연구하여 법칙을 만든 사람이 있다.

파레토 법칙

앞에서 살펴본 것과 같은 불균형 현상은, 전체 원인의 20%에서 전체 결과의 80%가 일어나는 현상으로 80 대 20 법칙이라 부른다.

- 20%의 옷을 입는 횟수가 전체 옷 입는 횟수의 80%이다.
- 20%의 앱을 사용한 횟수가 전체 앱 사용 횟수의 80%이다.
- 20%의 신발을 신는 횟수가 전체 신발 신는 횟수의 80%이다.

이 법칙은 이탈리아의 경제학자 빌프레도 파레토 Vilfredo Pareto, 1848~1923가 100여 년 전에 처음으로 발견했으며,¹ 파레토 법칙, 파레토의 원리, 최소 노력의 원리, 80 대 20 법칙, 2 대 8 법칙 등 여러 가지 이름으로 불리고 있다.

파레토는 19세기 영국의 부와 소득의 유형을 연구하던 중 소수의 국민이 전체 소득의 대부분을 벌어들이는 부의 불평등 현상을 발견했다. 그리고 이런 불균형 패턴은 어느 시대, 어느 나라의 자료를 조사해보더라도 똑같이 나타났다. 영국의 초기 근대사회를 관찰하든 그 이전 시대를 관찰하든, 아니면 동시대의 다른 나라를 연구하든 같은 패턴이 반복해서 나타나는 것을 발견했다.

우리는 전체 원인의 50%가 전체 결과의 50%를 만들어내고, 전체 투입량의 50%가 전체 산출량의 50%를 만들 것이라고 예상한다. 투입된 원인의 비율과 같은 비율의 결과가 만들어지는 것이 자연스러운 것으로 생각하기 때문이다. 그러나 원인과 결과의 비율이 같은 균형 잡힌 상태는 실생활에서 발견하기 어려운 드문 현상이다. 인과관계에 있는 두 자료 사이에는 80 대 20 법칙이 말하는 것과 같은 불균형 관계가 성립하는 것이 자연스러운 현상이다.

---

1 일반적인 통설과는 달리 파레토는 수입 불균형에 관한 논의 또는 그 어떤 곳에서도 80 대 20이라는 표현을 쓴 일이 없다. 노동인구의 20%가 수입의 80%를 얻는다는 단순한 관찰조차 하지 않았다. 파레토가 발견하여 그와 그 제자들을 흥분시킨 사실은 고소득자들과 그들이 향유한 총 수입의 백분율간의 일정한 관계였다. 이 관계는 일정한 대수법칙을 따랐으며 한 나라의 어떤 시기를 예로 들어도 비슷한 결과를 나타냈다. 파레토가 발견한 공식은, 수입이 x보다 높은 수입자들의 수를 N이라 하고, A와 m을 상수라 하면 다음과 같다.
$$\log N = \log A + m \log x$$

2 리처드 코치 (2018). 80/20 법칙. (공병호). 21세기북스.

파레토 법칙의 활용

파레토 법칙은 우리의 일상생활에 알게 모르게 많이 활용되고 있다.

VIP 마케팅

파레토 법칙이 활용되는 대표적인 예로 백화점 등에서 시행하는 VIP 마케팅을 들 수 있다. VIP 마케팅이란 일정 금액 이상을 지출한 상위 20%의 VIP 고객들에게 특별한 멤버십을 부여하는 것을 말한다. 백화점의 모든 고객들에게 똑같은 혜택을 주는 것이 아니라, VIP 고객들에게 무료 주차권, 발레 주차 서비스, VIP 고객 전용 휴식공간, 축일 특별 선물 제공 등의 일반 고객과 차별되는 특별한 편의를 제공함으로써 이들이 백화점을 더 많이 이용하도록 유도하는 것이다.

백화점에서 그렇게 하는 이유는 백화점 전체 매출의 80%는 상위 20%의 VIP 고객으로부터 나오기 때문이다. 20%의 VIP 고객이 80%의 매출을 올려주기 때문에 그들에게 집중 투자해서 최대의 효과를 얻겠다는 마케팅 전략이다.

도서 베스트셀러 목록, 음원 TOP 100 차트 등의 각종 인기 순위 리스트

서점의 '주간 베스트 도서 목록'도 80 대 20 법칙이 활용되는 사례이다. 도서 베스트셀러 목록은 1931년 10월 12일 뉴욕타임스New York Times에서 처음으로 발표되었다. 이때에는 뉴욕시의 소설 5권과 비소설 4권으로 베스트셀러 목록이 구성되었고, 전국 규모의 도서 베스트셀러 목록이 발표된 것은 1945년 9월 9일이었다. 뉴욕타임스의 도서 베스트셀러 목록 1위에 뽑힌 책들은 책 표지에 자랑스럽게 "넘버1 뉴욕타임스 베스트셀러#1 New York Times Bestseller" 딱지를 붙였다. 출판사들은 사람들이 이 딱지를 보고 "다른 사람들이 가장 많이 보는 책이라면 나도 봐야겠다"는 반응을 보일 것이란 사실을 미리 알았던 것이다.

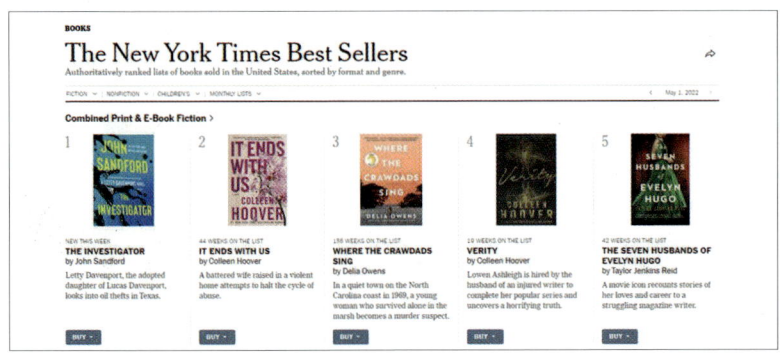

뉴욕타임스

우리나라의 대표적인 인터넷 서점인 교보문고, 예스24, 알라딘, 인터파크도서 등도 모두 베스트 셀러 도서 목록을 발표하고 있다.

노래 '음원 차트 TOP 100', 영화 '박스오피스 순위' 등과 같이 인기 있는 상품을 사람들이 쉽게 찾을 수 있게 하는 것도 80 대 20 법칙이 활용되는 사례이다.

교보문고

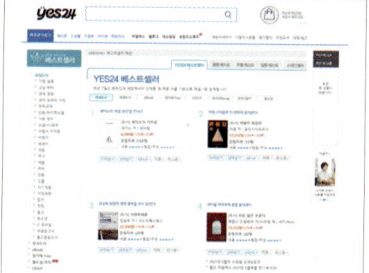
예스 24

알라딘

인터파크

멜론

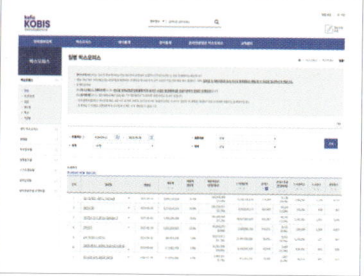
영화 박스오피스

이런 인기 순위들은 단순히 대중문화의 인기도를 반영하는 수치가 아니며, 기업들이 활용하고 있는 강력한 마케팅 도구 중의 하나이다.

4차 산업혁명 시대가 변화시킨 80 대 20 법칙

　매출에 큰 영향을 주는 소수에 집중하는 VIP 마케팅은 백화점뿐 아니라 대다수의 유통업계가 오래전부터 사용해 온 판매 전략이다. 그러나 영원할 것 같던 파레토 법칙도 인터넷과 물류 기술의 발전, 그리고 다양해진 개인의 소비 취향으로 인해 그 입지가 흔들리고 있다.

80 대 20 법칙의 시대

　공간 제한이 있던 시대에는 진열할 수 있는 상품 개수가 제한적이어서 소비자들의 선택의 폭이 좁았고, 대다수의 소비자가 선택하는 상품은 소수의 상품에 집중되었다. 제품의 종류가 다양한 서점에서는 제한된 진열 공간에 잘 팔리는 책과 안 팔리는 책 중 당연히 잘 팔리는 책을 진열할 수밖에 없고, 소수의 진열된 책들이 다른 책들보다 더 많이 팔리게 되고, 결국 소수의 베스트셀러가 전체 책 판매량의 대부분을 차지하는 80 대 20 현상이 나타나게 된다. 이런 이유로 서점들은 베스트셀러 마케팅에 힘을 쏟게 된다.

아마존이 몰고 온 변화

　그런데 이러한 도서 시장에 거대한 변화가 일어났다. 바로 온라인 서점 '아마존Amazon'이 등장한 것이다. 제한된 공간에 비싼 임대료를 지불하는 오프라인 서점에서는 잘 팔리지 않는 책을 진열하는 것이 경제적으로 부담이 되지만, 온라인 서점 아마존은 임대료가 비싼 곳에 매장을 둘 필요가 없고 도심지를 벗어난 임대료가 싼 곳에 책을 보관하는 창고를 마련하면 되기 때문에 기존 서점에 비해 재고에 대한 경제적 부담이 적었다. 따라서 잘 팔리지 않는 책도 장기간 보관하며 판매할 수 있었고, 잘 팔리지 않아 오프라인 매장에 재고가 없는 책도 아마존에서는 구매할 수 있게 되고, 이러한 책들이 많을수록 아마존의 매출은 더욱 늘어나게 되었다. 실제로 아마존 전체 매출 중에서 베스트셀러 판매가 차지하는 비중은 3분의 1도 되지 않으며, 나머지 3분의 2는 인지도가 낮은 책들이 차지하고 있다.

❋ 비인기 상품의 반란

이렇게 인터넷의 발전으로 온라인 플랫폼이 발달하면서 판매 비중이 낮은 비인기 상품이 배제될 이유가 사라지게 되고, 소량 판매 도서들의 매출이 점차 증가하여 마침내 인기 상품의 매출을 추월하는 현상이 나타나기 시작했다.

❋ 구글의 주 수익원

이런 현상은 인터넷 서점 아마존에서만 나타나는 것이 아니었다. 세계 최대 검색 포탈 중의 하나인 '구글'에서도 일어났다. 구글의 주요 수익원은 《포춘FORTUNE》에서 500대 기업으로 선정한 '거대 기업'들의 광고 수입이 아니라 꽃 배달 업체나 제과점과 같은 다수의 소규모 업체 광고 수입이다.

롱테일 법칙

사소한 비인기 상품들이 모여서 인기있는 상품들보다 더 많은 가치를 만들어 내는 현상의 매출 그래프를 조사해보면 오른쪽 그림과 같은 모양이 된다. 이 그래프의 오른쪽 부분이 긴 꼬리 모양인

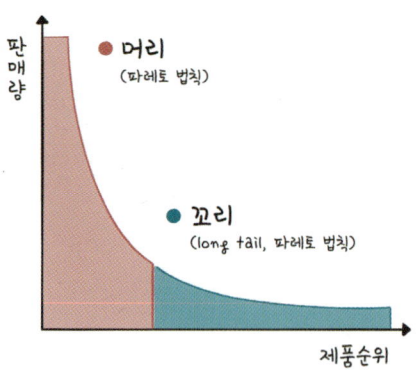

데, 이 모양을 따서 이 현상을 **롱테일 법칙**이라고 부른다.

롱테일은 'long tail', 즉 긴 꼬리를 뜻하며, 롱테일 법칙이란 80%의 '사소한 다수'가 20%의 '핵심 소수'보다 더 큰 가치를 창출한다는 법칙이다.

이 용어는 《롱테일 경제학 The Long Tail》의 저자 크리스 앤더슨 Chris Anderson이 2004년 세계적인 IT 전문지 《와이어드 WIRED》에 기사를 쓰면서 처음 사용되었다.

크리스 앤더슨

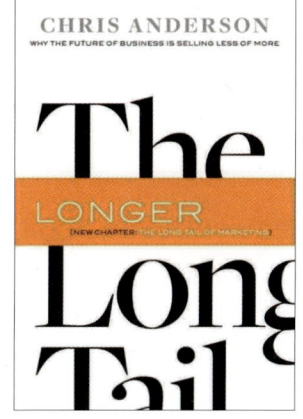

The Long Tail

롱테일 경제학

그는 저서 《롱테일 경제학》에서 온라인 매장에서는 상품을 진열할 필요가 없기 때문에 상품 진열에 대한 물리적 비용과 제약이 줄어들어 판매하는 상품의 종류가 무한히 늘어날 수 있다고 설명한다. 그러므로 온라인 매장에서는 소비자들의 다양한 개인 취향을 만족시킬 수 있으며, 전통적인 오프라인 유통방식에서는 수익이 나지 않아 진열조차 하기 어려웠던 소량 구매 품목들의 판매량이 히트 상품 판매량을 추월할 것이며, 이제는 히트 상품보다는 롱테일 시장에 집중해야 한다고 주장했다.

마무리하며

전통적인 사회에서는 파레토 법칙이 지배적이었으나 인터넷 시대에는 롱테일 법칙이 적합하다. 전통적인 사회는 상품을 전면에 비치하던 오프라인 시스템이었지만, 인터넷 시대는 마우스 클릭으로 온라인에 접속하여 선택하고 다양성이 확보된 시대이기 때문이다. 파레토 법칙은 전체 원인의 20%에서 전체 결과의 80%가 일어나는 전통적인 사회 현상을 잘 설명했지만, 롱테일 법칙은 80%의 사소한 다수가 핵심적인 수익을 올릴 수 있는 4차 산업혁명 시대를 설명하는 법칙으로 자리 잡고 있다.

그러나 과학기술의 발전으로 기업의 판매 전략이 파레토 법칙에서 롱테일 법칙으로 바뀌고 있지만, 파레토 법칙에 담긴 기본 원칙인 선택과 집중의 가치는 변하지 않을 것이다.

우리는 모든 일에 최선을 다하며 살 수는 없다. 선택하고 집중해야 한다. 각자의 삶 속에서 집중해야 하는 20%가 무엇인지 식별하고 선택하고 집중해야 할 것이다.

02 지프의 법칙

궁금해요

미국에서 가장 인구가 많은 도시는 뉴욕이고, 2위는 LA, 3위는 시카고, 4위는 휴스턴이래요. 그런데 2위 LA는 1위인 뉴욕 인구의 1/2, 3위 시카고는 뉴욕 인구의 1/3, 4위 휴스턴은 1/4 정도 된데요. 2위는 1/2, 3위는 1/3, 4위는 1/4이 되는 게 신기해요. 이런 신기한 현상이 다른 경우에도 있나요?

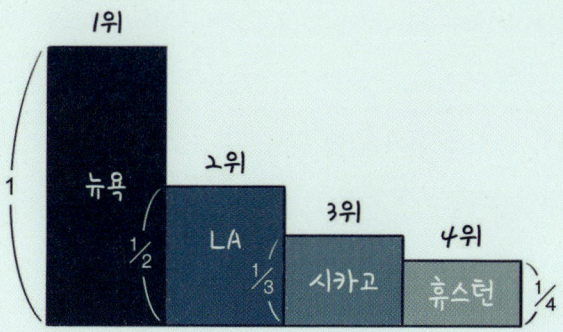
미국 도시의 인구수 비교

순위에 따라 규칙이 있어요

미국의 2019년 도시별 인구수를 조사해보면 다음과 같다.

순위	도시	인구수(만)	상대비율	상대비율(분수)
1	뉴욕	833.7	1	1/1
2	로스엔젤레스	398.0	0.477	1/2.1
3	시카고	269.4	0.323	1/3.1
4	휴스턴	232.0	0.278	1/3.6
5	피닉스	168.1	0.202	1/5.0

가장 인구가 많은 도시인 뉴욕의 인구수를 1로 했을 때, 다른 도시의 인구수는 2위인 LA가 0.477, 3위인 시카고는 0.323, 4위인 휴스턴은 0.278, 5위인 피닉스는 0.202이었다. 이 값을 다시 분자가 1인 분수로 나타내면 차례대로 $\frac{1}{2.1}$, $\frac{1}{3.1}$, $\frac{1}{3.6}$, $\frac{1}{5.0}$로 각각 $\frac{1}{2}$, $\frac{1}{3}$, $\frac{1}{4}$, $\frac{1}{5}$과 비슷한 값이 된다. 신기하게도 비율이 '$\frac{1}{등수}$'이 된다.

미국 영어 텍스트 전자 컬렉션 브라운 코퍼스 Brown Corpus[3]의 전체 약 100만 단어 중에서 가장 자주 나타나는 단어는 'the'이며 69971회(전체의 약 7%)이고, 두 번째는 'of'이며 36411회(약 3.5%), 세 번째는 'and' 28852회(약 2.9%)이다. 가장 자주 나타나는 단어인 'the'의 전체

---

[3] 브라운 코퍼스(Brown Corpus)의 정식 명칭은 현재 미국 영어 브라운 대학교 표준 코퍼스(Brown University Standard Corpus of Present-Day American English)이다. 1960년대 초에 만들어진 미국 영어 최초의 구조화된 텍스트 샘플의 전자 컬렉션이며, 다양한 출처에서 가져온 총 약 백만 단어를 포함하고 있다.

횟수를 1로 했을 때, 다른 단어의 횟수를 분수로 나타내면, 두 번째 인 'of'는 $\frac{36411}{69971} = 0.520 (\simeq \frac{1}{1.923})$로 거의 $\frac{1}{2}$이고, 세 번째인 'and'는 $\frac{28852}{69971} = 0.412 (\simeq \frac{1}{2.427})$로 $\frac{1}{2.4}$로 $\frac{1}{3}$에 약간 벗어나지만, 그 뒤 단어 들을 조사하면 신기하게도 비율이 '$\frac{1}{등수}$'과 비슷한 값이다.

이런 현상이 우연인지 아니면 다른 데에서도 자주 발견되는 것인지 궁금해진다.

지프의 법칙

앞에서 예로 든 것과 같이 인구수 또는 빈도수가 가장 큰 것의 개 수를 1이라 했을 때 2등, 3등의 개수를 분수로 나타내면 $\frac{1}{2}$, $\frac{1}{3}$과 같 이 $\frac{1}{등수}$이 되는 현상이 많이 발견되는데, 이런 현상을 '**지프의 법칙** Gipf's Law'이라고 한다. 지프의 법칙은 미국 하버드 대학교 언어학자인 조지 지프George Kingsley Zipf, 1902~1950가 〈인간행동과 최소 노력의 원리 Human Behavior and the Principle of Least Effort〉에서 발표한 법칙으로 다음과 같다.

> 요소 개체의 규모가 요소 개체의 규모 순위에 반비례한다.

예를 들어, 어떤 책에서 자주 사용되는 단어의 빈도수를 생각해보

조지 지프   조지 지프의 논문

자. 이때, '요소 개체'는 책에서 '(자주 사용되는) 단어'가 되고, '요소 개체의 규모'는 책에서 '(자주 사용되는) 단어의 빈도수'가 된다. 그리고 '규모'가 '규모 순위에 반비례한다'는 말은, 1위의 규모, 2위의 규모, 3위의 규모가 순위 1, 2, 3에 반비례, 즉 1/1, 1/2, 1/3이 된다는 뜻이다.

지프의 법칙	자주 사용되는 단어의 빈도수
요소 개체	(자주 사용되는) 단어
요소 개체의 규모	(자주 사용되는) 단어의 빈도수
요소 개체의 규모 순위	빈도수 순위, 즉 1위, 2위, 3위
규모 순위에 반비례	$1, \frac{1}{2}, \frac{1}{3}$

즉, 어떤 책에서 가장 자주 사용되는 단어의 사용 빈도를 1로 한다면, 두 번째로 많이 사용된 단어의 사용 빈도는 $\frac{1}{2}$이고, 세 번째 많이 사용된 단어의 사용 빈도는 $\frac{1}{3}$이 되는 방식의 규칙이 나타난다는 뜻이다.

책에 사용되는 단어들은 저자들이 자유롭게 사용하는 것일 텐데 사용되는 단어 횟수에 이런 수학적 규칙이 경험적으로 확인된다고 하니 신기한 일이다.

지프의 법칙이 성립함을 보여주는 연구 결과는 다양하게 발표되고 있는데, 앞에서 예로 든 도시별 인구 분포, 언어 분포뿐만 아니라 기업의 크기, 소득 순위, 대학별 학생 수, 회사별 직원 등의 분포에서도 관찰되고 있다.

무질서할 것 같은 사회 현상이 어떤 법칙에 의해 움직이는 것으로 설명될 수 있다는 것이 신기해 보이며, 지프의 법칙은 독특한 분포를 갖는 사회 현상이 우리 사회 여러 곳에 있음을 보여주는 경험적 법칙이라 할 수 있다.

멱함수 분포

우리가 접하는 대상들이 어떤 전형적인 분포 형태를 갖는 경우가 많다. 전형적인 형태의 가장 대표적인 예로는 정규분포가 있다. 정규분포는 다음에 나오는 그림과 같이 데이터가 종 모양의 분포를 하고 있는데, 평균 근처에 있는 데이터가 많고 평균에서 멀리 떨어진 데이터는 적다. 정규분포의 예로는 사람들의 키 또는 몸무게를 들 수 있다. 사람들의 키는 평균 키와 비슷한 사람들이 많고, 평균 키보다 많이 크거나 많이 작은 사람들은 많지 않다. 사람들의 몸무게도 이와 비슷한 양상이다.

그런데 파레토 법칙이나 지프의 법칙을 따르는 것들의 경우에는 분포의 모양이 정규분포 모양과는 완전히 다르다. 예를 들어 지프의 법

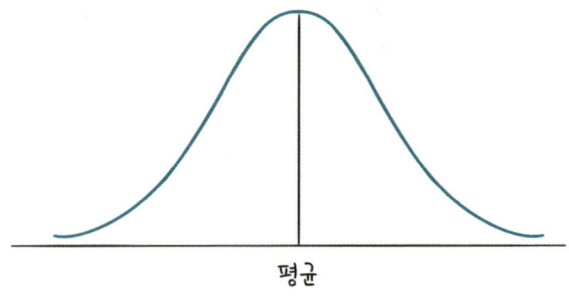

정규분포 곡선

칙의 대표적인 사례 중의 하나인 도시별 인구수 그래프의 모양과 사람들의 키 그래프의 모양은 완전히 다르다.

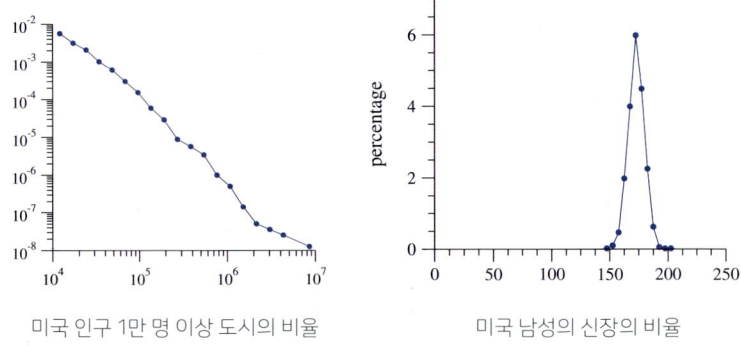

미국 인구 1만 명 이상 도시의 비율   미국 남성의 신장의 비율

이 같은 파레토 법칙이나 지프의 법칙은 멱함수 분포 Power Law Distribution의 일종인데, 멱함수 분포는 분포가 멱함수, 즉 $p(x) = Cx^{-\alpha}$ 꼴인 분포를 말한다. 지프의 법칙은 이 식에서 $\alpha = 1$인 경우이다.

이런 멱함수 분포의 예는 우리 주변에서 쉽게 찾아볼 수 있는데, 예를 들면 다음과 같다.

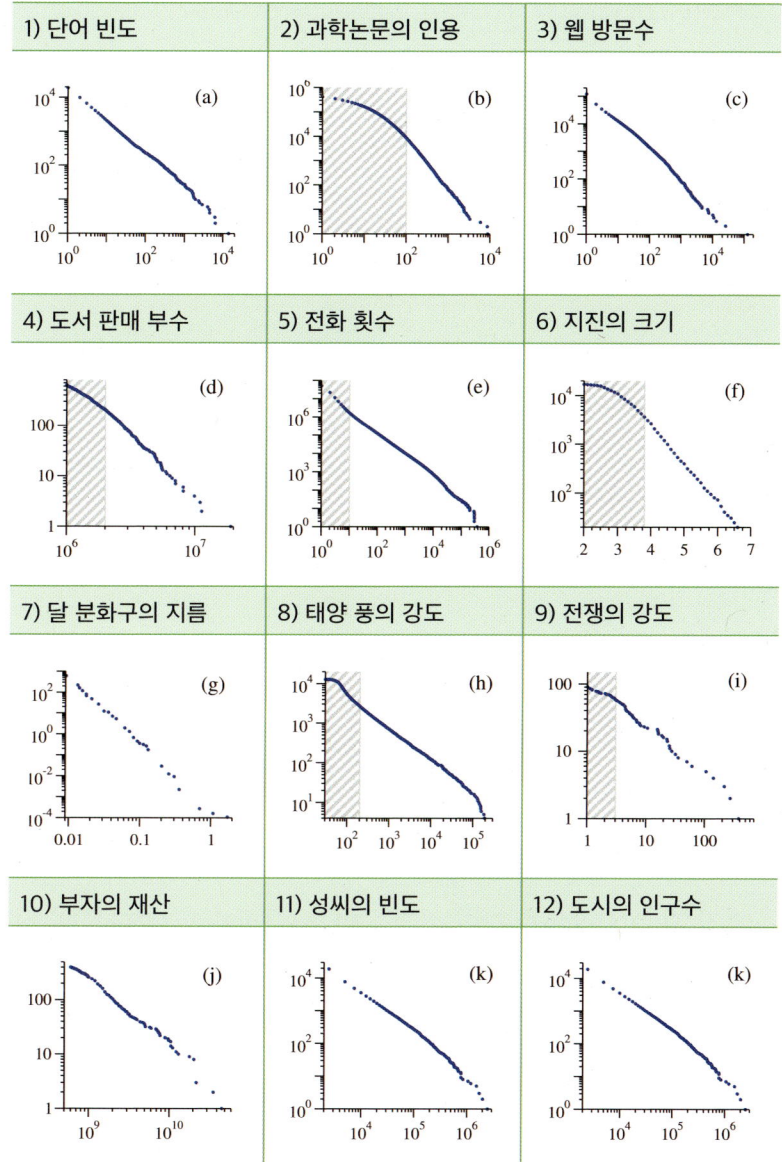

K-POP에서 발견되는 멱함수 분포

멱함수 분포는 K-POP에서도 발견된다.

2007년 이후 발표된 걸그룹 노래 가사에 자주 사용되는 단어를 조사한 결과가 다음 표와 같다.[4]

순위	단어	빈도
1	너	5,353
2	나	2,778
3	내	2,465
4	OH	2,455
5	YOU	2,101
6	사랑	2,060
7	말	1,567
8	없다	1,433
9	ME	1,408
10	날	1,338

걸그룹 가사에 자주 사용되는 단어 10개

가장 자주 사용되는 단어는 '너'이며, 5353회이고, 그 다음은 '나'이며, 2778회이다. 이때 가장 자주 사용되는 단어의 횟수를 1이라 하고, 두 번째로 자주 사용되는 단어의 횟수를 비율로 나타내면 $\frac{2778}{5353} \fallingdotseq 0.52$, 즉 분수로 $\frac{1}{2}$이 되어 지프의 법칙을 만족함을 확인할 수 있다. 놀라운 일이다!

---

4 유성운·김주영 (2017). 걸그룹 경제학. 21세기북스.

지프의 법칙은 가요의 작사가, 작곡가, 가수가 소유한 '곡의 수'와 '좋아요'의 수에서도 발견된다. 대표적인 음원 스트리밍 상업 사이트 중의 하나인 멜론Melon에 2004년부터 2017년까지 등록된 한국대중음악을 분석한 결과, 작사가, 작곡가, 가수가 소유한 '곡의 수'에 대한 분포는 다음 첫 번째 그림과 같았고, '좋아요' 수는 다음 두 번째 그림과 같았다. 두 분포 그래프 모두 멱함수 분포를 보이고 있음을 확인할 수 있다.[5]

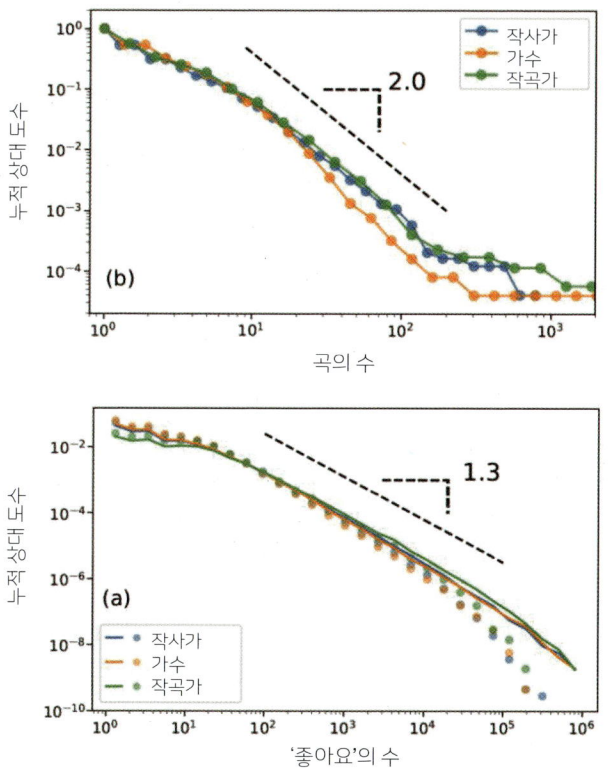

국내 대중가요 노랫말을 바탕으로 한 작사가 네트워크 분석

---

[5] 김영진·임소희·박영재·손승우 (2018). 국내 대중가요 노랫말을 바탕으로 한 작사가 네트워크 분석, 새물리, 68(6), 700-705.

지프의 법칙의 해석: 임의그룹형성 모델

다양한 분야에서 발견되는 멱함수 분포가 처음으로 발견된 것은 1896년에 발표된 소득분포의 불균형 현상에 대한 파레토 법칙이다. 그로부터 20년 정도 후에 아우어바흐Auerbach는 도시 크기의 분포에 멱함수 분포 법칙이 있다는 것을 발견했다. 그리고 지프는 책에 사용된 단어의 빈도수에 멱함수 분포 법칙이 있음을 발견했고, 이것이 지프의 법칙으로 알려져 있다. 지프의 법칙은 경제학, 사회학, 언어학, 물리학, 수리통계 등등의 거의 모든 분야에서 발견되고 있다.

RGF 모델

지프의 법칙은 왜 성립하는 것일까?

이에 대해서 많은 해석이 나왔지만 학자들 간에 아직까지 완전한 합의는 이루어지지 않고 있다. 그러나 유력한 이론 중의 하나로 '**임의그룹형성**Random Group Formation, RGF 모델'이 있다. 이 모델은 김범준 교수(부경대학교)와 백승기 교수(성균관대학교) 등에 의해 연구되었는데, 이들은 전혀 관계가 없어 보이는 것들 사이에 같은 패턴이 나오는 것은 그 속에 보편적인 원리가 있는 것이라고 생각하였으며, 통계물리학의 방법을 도입해 분석하며 수식을 만들어갔다. 그리고 모든 상황을 공과 상자의 관계로 환원하여 연구했는데, 여러 개의 상자에 여러 개의 공을 넣을 때 각각의 상자에 공이 들어가는 개수의 분포를 연구하였다. 이때, 단어나 사람은 공에 해당하고 특정 단어나 도시는 상자에 해당한다. 이때 다음과 같은 연구 결과를 얻었다.

M개의 공을 N개의 상자에 임의로 넣을 때, 나올 가능성이 가장 높은 분포가 지프의 법칙이다.

RGF 모델은 지프의 법칙보다 훨씬 일반화된 법칙으로 다음과 같다.

전체 공의 개수(M)와 상자의 개수(N)와 가장 공이 많이 들어 있는 상자에 있는 공의 개수(k_{max})를 알면 나머지 상자들에 들어 있는 공의 개수를 예측할 수 있다.

즉, RGF 모델을 통해 M, N, k_{max}를 알면 나머지 상자에 공이 어떤 분포로 들어 있는지 예측할 수 있다.

이 모델의 연구자들은 6개의 실제 사례를 제시했는데, 미국의 군별 US county 인구수, 프랑스의 코뮌별 French communes 인구수, 미국의 성씨별 US Family names 인구수, 우리나라의 성씨별 Korean Family names 인구수, 하디 Hardy의 소설작품에 사용된 단어별 빈도수, 허먼 멜빌 Melville의 소설작품에 사용된 단어별 빈도수의 6개 사례이다. 각 사례별 전체 개체의 개수(M), 그룹의 개수(N), 가장 큰 그룹에 들어 있는 개체의 수(k_{max}), 가장 작은 그룹에 들어 있는 개체의 수(k_0)가 아래 표에 제시되어 있다.

	M	N	k_{max}	k_0
미국 군별 인구수	77 537 173	2 445	9 519 338	10^4
프랑스 코뮌별 인구수	51 107 816	9 011	852 395	10^3
미국 성씨별 인구수	42 121 073	151 671	2 376 206	10^2
한국 성씨별 인구수	45 974 571	244	9 925 949	10^2
하디 소설작품의 단어별 빈도수	1 342 258	30 744	74 165	10^0
멜빈 소설작품의 단어별 빈도수	743 666	30 122	49 136	10^0

· M: 전체 개체의 개수
· N: 그룹의 개수
· k_{max}: 가장 큰 그룹에 들어있는 개체의 수
· k_0: 가장 작은 그룹에 들어 있는 개체의 수

위의 6개 사례를 각각 그룹의 크기순으로 그룹의 개체수를 그래프로 표시하면 다음과 같다.

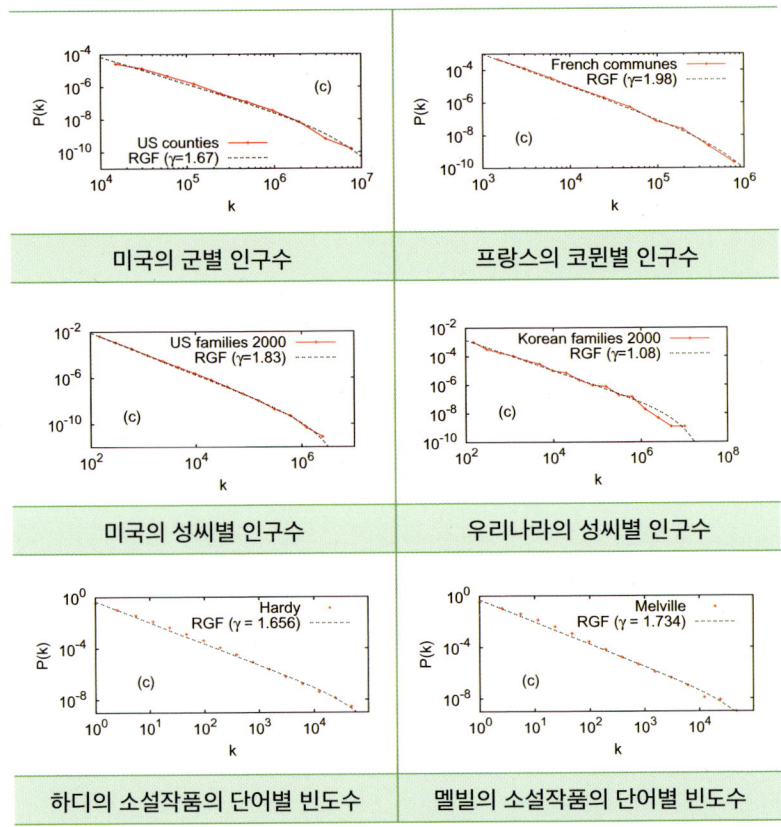

삼국시대에 우리나라에는 성씨가 몇 개 있었을까?

RGF 모델을 적용해볼 만한 매력적인 자료가 바로 족보다. 족보는 성씨를 근본으로 만든 한 집안의 역사책으로, 시조始祖부터 현재까지 역대 조상의 역사가 담겨 있어서 집안의 뿌리를 알 수 있다. 특히 우리나라 족보에는 그 집안의 남자와 혼인한 여자의 성과 이름, 혼인한 시기가 정확하게 기록되어 있기 때문에 이를 이용하면 오래 전의 우리나라 성씨의 분포를 알 수 있다. 그러면 RGF 모델을 이용해서 서기 500년 삼국시대에 우리나라의 성씨는 몇 개였는지 알 수 있을까?

현재 우리나라의 성씨는 약 5582개의 성씨가 있으며, 관습적으로 자녀가 아버지의 성씨를 따르고 있으나 법률적으로는 아버지나 어머니의 성씨를 선택하여 따를 수 있고, 여성이 혼인해도 아버지의 성씨를 변경하지 않는다.

세계 여러나라의 국가별 성씨의 현황은 다양한데, 영국을 중심으로 한 영어권 국가나 일본은 지역 또는 직업을 바탕으로 성씨를 갖는 경우가 다수이고 성씨의 개수가 우리나라와 비교하여 매우 많은데, 예를 들어, 영국의 성씨는 약 45000개이고, 일본은 약 132000개이다.

또한 세계 여러 나라 성씨 분포는 인구가 커질 때, 새로운 성씨가 빠르게 늘어나는 멱함수 유형과 매우 느리게 늘어나는 로그함수 유형으로 나뉠 수 있다. 일본과 영어권의 국가들의 성씨 분포는 멱급수 유형이고, 우리나라와 중국은 로그함수 유형이다.

RGF 모델을 개발한 김범준 교수와 백승기 교수 등은 우리나라 족보 10편을 1510년부터 1990년까지 30년(한 세대) 단위로 나눠 정리하여 RGF 모델과 실제 분포를 비교하여 검증하였으며, 그 결과 놀라울 정도로 잘 들어맞는다는 것을 확인하였다.

우선, 성씨별 인구수를 조사한 결과 그 그래프의 모양이 지프의 법칙의 그래프와 매우 비슷함이 확인되었다. 그리고 그런 특성은 매우 오랜 기간 동안 유지되었다는 것도 확인되었다. 아래의 첫 번째 그림은 10개의 각 족보별로 성씨별 인구수를 나타낸 그래프이고, 두 번째 그림은 전체 10개의 족보의 자료를 합한 다음 120년 간격으로 나누어 성씨별 인구수를 나타낸 그래프이다. 두 그래프에서 모두 지프의 법칙의 그래프와 유사한 형태가 유지됨을 확인할 수 있다.

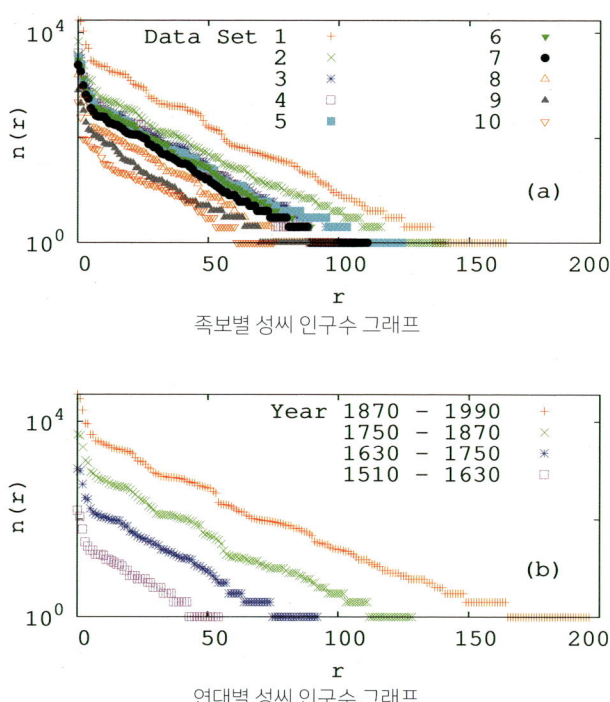

족보별 성씨 인구수 그래프

연대별 성씨 인구수 그래프

한편 우리나라의 인구 변화와 성씨 수 변화의 관계를 분석한 결과, 우리나라의 성씨가 늘어나는 모양은 로그함수로 천천히 늘어나는 모양이며, 서기 500년 무렵 한반도의 성씨는 150개 정도로 추정되었다. 그리고 성을 가진 사람 수는 약 5만 명이고, 당시 오늘날과 같은 성씨를 쓴 사람들은 대부분 신라인이었으며, 이 가운데 김씨는 약 1만 명으로 추정되었다.

역사학계에서는 오늘날의 성씨는 신라 말기부터 확립되기 시작했으며, 기원이 고구려와 백제인 성씨는 아주 드문 것으로 보고 있다.

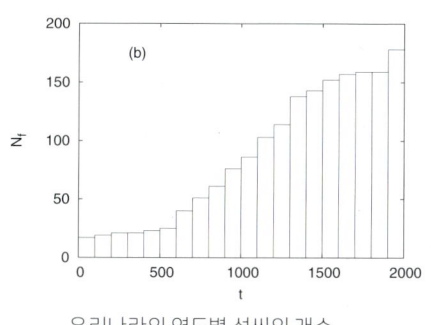

우리나라의 연도별 성씨의 개수

◉◎◐ 마무리하며

무질서해 보이는 사회 현상 속 분포에 어떤 규칙이 있다는 것은 놀라운 일이고, 전혀 관계없어 보이는 것들에서 같은 패턴이 나타난다는 것은 그 저변에 보편적인 뭔가가 있다는 것이라 할 수 있다.

지프의 법칙은 사회 현상의 독특한 분포를 설명하는 경험적 법칙으로 받아들여지고 있으며, 지프의 법칙을 설명하기 위해 만들어진 RGF 모델을 이용하여 삼국시대에 우리나라 성씨가 몇 개였는지 추정할 수 있었다. 이런 연구 결과는 성씨와 같은 무작위의 문화·풍습에도 어떤 규칙과 패턴이 존재할 수 있음을 보여준다. 수학적 분석을 통해 '임의성'과 '의지'를 갖는 인간 행위의 결과를 분석하고 예측할 수 있다는 것이 놀라울 따름이다.

03 벤포드의 법칙

궁금해요

헌수네 회사 국제가스에는 로그값이 있는 책이 있는데, 그 책의 순서는 첫째 자릿수의 크기순으로 되어 있어요. 그런데 사람들이 첫째 자릿수가 1인 수를 제일 많이 봤고, 9인 수를 제일 적게 봤대요. 첫째 자릿수에 상관없이 비슷하게 봐야 할 것 같은 데 왜 다른 건가요?

로그표에서 앞자리 숫자를 찾아본 순위

우리는 숫자를 공평하게 사용하지 않는다

아래 그림은 어느 포털 사이트의 어느 날의 우리나라 주식 관련 웹페이지 화면이다.

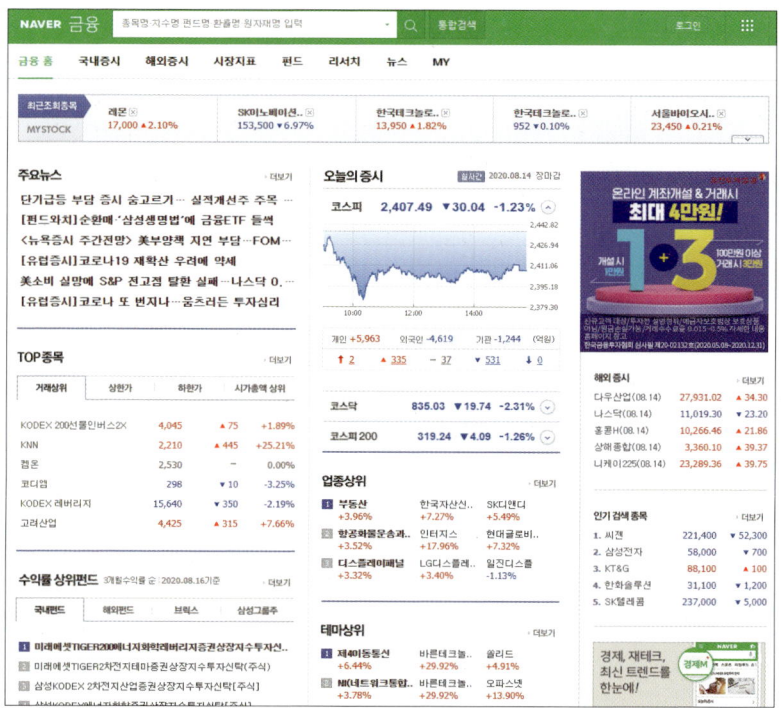

이 웹페이지에는 수가 매우 많이 포함되어 있다. 이 수들 중에는 한 자리 수도 있고 두 자리, 세 자리, 그 이상의 여러 자리 수도 있다. 이 수들 각각에 대하여 가장 높은 자리의 수, 즉 (왼쪽에서) 첫째 자리 수를 생각해보자. 예를 들어, 235의 첫째 자리 수는 2이고, 0.034의 첫째 자리 수는 3이다. 이 웹페이지에 있는 각각의 수의 첫째 자리 수의 개수를 조사하여, 표로 정리하면 다음 표와 같다.

　표를 보면, 첫째 자리 수는 1이 가장 많고, 2가 그 다음이고, 9가 가장 적었다. 즉, 웹페이지에 있는 수들의 첫째 자리 수의 개수가 비슷하지 않으며, 1이 가장 많고, 2가 두 번째로 많고, 9가 가장 적다.

첫째 자리 숫자	증권 웹페이지	
	개수	비율(%)
1	47	36.15
2	31	23.85
3	20	15.38
4	9	6.92
5	6	4.62
6	6	4.62
7	6	4.62
8	3	2.31
9	2	1.54
합계	130	100

　다른 사례에서도 비슷한 결과를 얻게 되는데, 많은 수가 나열되어 있은 경우 그 수들 중에서 첫째 자리 수의 빈도가 수에 따라 일정하지 않으며, 첫째 자리의 수는 일반적으로 1에서 9로 갈수록 빈도수가 적어진다.

　자연수를 하나 임의로 선택했을 때 첫 번째 자리 수가 1일 확률은 분명히 1/9이다. 그러나 일상생활 중에 실제로 접하는 수치 자료를 모았을 때, 그 자료에 있는 수들의 첫째 자리 수가 1일 확률이 1/9이 아니었다. 우리가 일상생활 중에 사용하는 수들의 첫째 자리 수의 빈도는 공평하지 않으며, 심지어 놀랍게도 어떤 규칙이 있다. 즉, 첫째 자리 수는 1이 가장 많고, 2가 그 다음이고, 숫자가 커질수록 적으며, 9가 가장 적다. 좀 더 많은 자료에 대하여 조사해보면, 1의 비율이 약 30.1%, 2가 약 17.6%, 3이 약 12.5% 이고, 9는 약 4.6%이다. 이건 완전 놀라운 일이 아닐 수 없다. 우리가 무슨 약속을 하고 사용한 것도 아니고, 만유인력의 법칙과 같은 물리법칙이 작용하는 것도 아닌데 어떤 규칙이 있으니 말이다.

벤포드의 법칙

어느 회사의 회계 장부에 있는 숫자들이나 인구 통계 수치 자료와 같이 실생활 중에 접하는 숫자들을 모아놓았을 때, 첫 번째 자리의 수가 1인 것이 가장 많고 2인 것이 두 번째로 많으며, 3, 4, 5, 6 순서대로 적어져서 9인 것이 가장 적다는 원리를 **벤포드의 법칙**Benford's law 또는 **첫째 자리수의 법칙**First-digit law이라고 한다. 구체적으로 첫째 자리수가 1인 것이 약 30%, 2는 약 18%, 3은 약 13%이고 9는 약 5%이다.

벤포드

이 법칙을 가장 먼저 발견한 사람은 미국의 수학자이자 천문학자인

첫째 자리의 수	1	2	3	4	5	6	7	8	9
비율 (%)	30.1	17.6	12.5	9.7	7.9	6.7	5.8	5.1	4.6

사이먼 뉴컴Simon Newcomb, 1835~1909이다. 그는 다른 사람들과 함께 사용하던 로그표 책에서 책의 앞부분이 뒷부분 보다 훨씬 낡아 있는 것을 발견하였다. 로그표는 수의 크기순으로 배열되어 있어서, 작은 수가 앞에 있고 큰 수는 뒤에 있다. 그러므로 로그표 책의 앞부분이 뒷부분보다 훨씬 낡

사이먼 뉴컴

아 있다는 것은 맨 앞자리 수가 작은 수를 맨 앞자리 수가 큰 수보다 더 많이 찾아보았다는 것을 의미한다. 그는 이런 내용을 1881년 미국 수학저널American Journal of Mathematics에 2쪽의 논문[6]으로 간략하게 발표하였다. 그러나 이 논문의 내용에는 이 현상에 대한 수학적 분석이 없었으며 별다른 주목을 받지 못했다.

뉴컴의 논문

---

6 Newcomb, S. (1881). Note on the frequency of use of the different digits in natural numbers. American Journal of Mathematics. 4 (1/4), 39-40.

이후 1938년 미국의 전기공학자이자 물리학자인 프랭크 벤포드 Frank Benford, 1883-1948가 뉴컴이 발견한 것과 같은 현상이 나타난다는 것을 재발견하였다. 벤포드의 결과에 따르면 우리 주변에서 볼 수 있는 수들의 첫째 자리의 수가 d일 확률을 $p(d)$라고 하면 다음과 같이 된다.

$$p(d) = \log(1+\frac{1}{d}) = \log(1+d) - \log d, \, d = 1, 2, \cdots, 9$$

예를 들어 위 식에서 첫째 자리의 수가 2일 확률 $p(2)$는 다음과 같다.

$$p(2) = \log(1+\frac{1}{2}) = \log\frac{3}{2} = \log 3 - \log 2 \approx 0.4771 - 0.3010 = 0.1761$$

TABLE I

PERCENTAGE OF TIMES THE NATURAL NUMBERS 1 TO 9 ARE USED AS FIRST DIGITS IN NUMBERS, AS DETERMINED BY 20,229 OBSERVATIONS

Group	Title	First Digit									Count
		1	2	3	4	5	6	7	8	9	
A	Rivers, Area	31.0	16.4	10.7	11.3	7.2	8.6	5.5	4.2	5.1	335
B	Population	33.9	20.4	14.2	8.1	7.2	6.2	4.1	3.7	2.2	3259
C	Constants	41.3	14.4	4.8	8.6	10.6	5.8	1.0	2.9	10.6	104
D	Newspapers	30.0	18.0	12.0	10.0	8.0	6.0	6.0	5.0	5.0	100
E	Spec. Heat	24.0	18.4	16.2	14.6	10.6	4.1	3.2	4.8	4.1	1389
F	Pressure	29.6	18.3	12.8	9.8	8.3	6.4	5.7	4.4	4.7	703
G	H.P. Lost	30.0	18.4	11.9	10.8	8.1	7.0	5.1	5.1	3.6	690
H	Mol. Wgt.	26.7	25.2	15.4	10.8	6.7	5.1	4.1	2.8	3.2	1800
I	Drainage	27.1	23.9	13.8	12.6	8.2	5.0	5.0	2.5	1.9	159
J	Atomic Wgt.	47.2	18.7	5.5	4.4	6.6	4.4	3.3	4.4	5.5	91
K	$n^{-1}, \sqrt{n}, \cdots$	25.7	20.3	9.7	6.8	6.6	6.8	7.2	8.0	8.9	5000
L	Design	26.8	14.8	14.3	7.5	8.3	8.4	7.0	7.3	5.6	560
M	*Digest*	33.4	18.5	12.4	7.5	7.1	6.5	5.5	4.9	4.2	308
N	Cost Data	32.4	18.8	10.1	10.1	9.8	5.5	4.7	5.5	3.1	741
O	X-Ray Volts	27.9	17.5	14.4	9.0	8.1	7.4	5.1	5.8	4.8	707
P	Am. League	32.7	17.6	12.6	9.8	7.4	6.4	4.9	5.6	3.0	1458
Q	Black Body	31.0	17.3	14.1	8.7	6.6	7.0	5.2	4.7	5.4	1165
R	Addresses	28.9	19.2	12.6	8.8	8.5	6.4	5.6	5.0	5.0	342
S	$n^1, n^2 \cdots n!$	25.3	16.0	12.0	10.0	8.5	8.8	6.8	7.1	5.5	900
T	Death Rate	27.0	18.6	15.7	9.4	6.7	6.5	7.2	4.8	4.1	418
	Average	30.6	18.5	12.4	9.4	8.0	6.4	5.1	4.9	4.7	1011
	Probable Error	±0.8	±0.4	±0.4	±0.3	±0.2	±0.2	±0.2	±0.2	±0.3	—

벤포드의 논문[7]

---

[7] Benford, F. (1938). The Law of Anomalous Numbers, Proc. Am. Philos. Soc. 78 (4), 553.

벤포드는 이 현상을 경험적으로 검증하기 위하여 강의 넓이, 사망률, 야구 통계 등 전혀 무관한 임의의 20229개의 수를 분석했으며, 그 결과는 이 경험법칙을 지지하는 것으로 나타났다.

주변의 많은 곳에서 발견되는 벤포드의 법칙

벤포드의 법칙은 우리 일상생활 중의 많은 곳에서 발견된다. 특히 특정 주제의 수를 많이 모아 조사해보면 그 수들에서 벤포드의 법칙이 발견된다.

예를 들어, 벤포드가 조사하여 논문에 제시한 자료(201쪽)에서 강의 넓이, 인구 수, 상수, 신문 등의 첫째 자리 수의 분포를 그래프로 나타내면 다음과 같다.

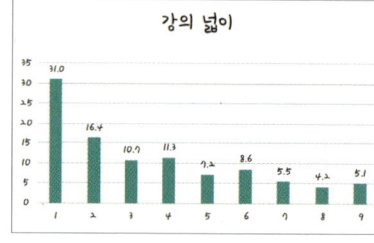
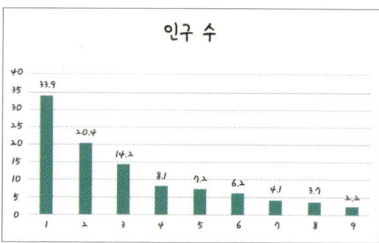
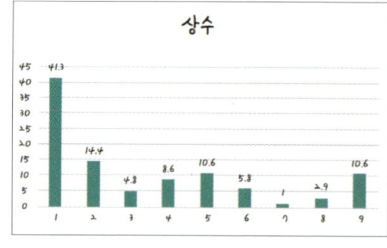
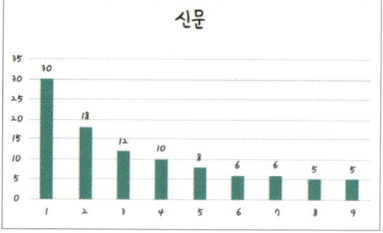

이들 수들의 첫째 자리 수의 분포가 벤포드의 법칙을 만족함을 알 수 있다. 이뿐만 아니라, 미국 연방 정부 소득세 환급금 14414개 수들의 첫째 자리 수를 조사한 결과, 이 집합은 벤포드의 법칙을 만족하는 것으로 확인되었다. 그 결과를 표로 나타내면 오른쪽 그림과 같다.

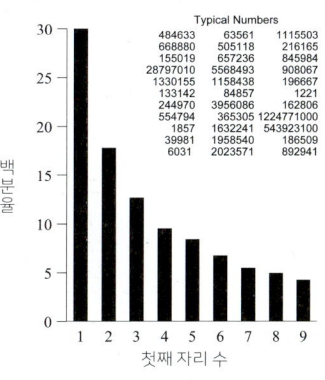

소득세 환급금

이외에도 경제 지표들에 나타나는 수, 미국의 도로 번호, 회사의 회계 장부 등과 같은 다양한 수를 수집하여 맨 앞자리 수를 조사해보면, 첫째 자리 수가 1일 확률은 약 30.1%가되어 벤포드 법칙을 만족하는 것이 확인된다.

벤포드의 법칙은 TV 드라마에도 등장한다. 미국의 인기 드라마 numb3rs의 두 번째 시즌 15번째 에피소드에 등장하며, 벤포드의 법칙을 이용하여 사건을 해결하는 실마리를 얻는다.

수학적인 규칙을 갖는 수에서 발견되는 벤포드의 법칙

벤포드의 법칙은 우리 일상의 경험적인 수들의 집합에서만 발견되는 것이 아니라 수학적인 규칙을 갖는 수들의 집합에서도 발견된다.

예를 들어, 2의 거듭제곱 꼴의 수들 $2, 2^2, 2^3, \cdots, 2^n, \cdots$ 의 첫째 자리 수의 분포를 조사해보자. 2의 거듭제곱 꼴의 수 2^{10}개, 2^{100}개, 2^{1000}개 중에서 각각 첫째 자리 수의 분포를 조사한 결과가 아래 그림과 같다.[8]

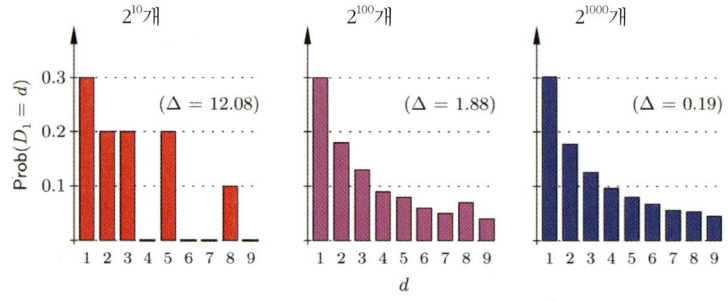

이로부터 2의 거듭제곱 꼴의 수가 많을수록 그 수들의 첫째 자리 수의 분포가 벤포드의 법칙에 가까워진다는 것을 알 수 있다. 실제로 2의 거듭제곱 꼴의 수의 집합에 대하여 첫째 자리 수의 분포가 정확하게 벤포드의 법칙을 따른다는 것을 수학적으로 증명할 수 있다.

2의 거듭제곱 꼴의 수들뿐만 아니라, 유명한 피보나치 수열 1, 1, 2, 3, 5, 8, $\cdots$ 의 첫 자리 수의 분포도 벤포드의 법칙을 따르며, 팩토리얼 수열 1!, 2!, 3!, $\cdots$, n!, $\cdots$ 의 첫 자리 수의 분포도 벤포드의 법칙을 따른다.

---

8 Berger, A., Hill, T. P. (2015). An Introduction to Benford's Law. Princeton University Press.

이처럼 벤포드의 법칙은 일상 생활의 경험적인 수들의 집합뿐만 아니라 수학적 규칙이 있는 수들의 집합에서도 발견되는 일반적인 법칙이라 할 수 있다.

◉◎◖ 벤포드의 법칙을 어떻게 활용할 수 있을까?

일상 중에 접하는 수들의 분포가 벤포드의 법칙이라는 규칙을 만족한다는 것은 신기한 일이 아닐 수 없다. 그런데 이 놀라운 법칙을 실생활에 어떻게 활용할 수 있을까? 어떤 법칙이 우리에게 놀라움과 신기함을 주는 것은 물론이고, 실생활에도 유용하게 활용된다면 그야말로 금상첨화일 것이다. 벤포드의 법칙은 우리의 실생활에 매우 유용하게 활용되고 있는데, 주로 특정 분야의 수들의 패턴을 분석해서 그 수들의 조작, 사기, 오류 등을 검증하는 방법으로 활용되고 있다.

벤포드의 법칙이 활용되는 것으로 가장 잘 알려져 있고 널리 활용되고 있는 분야는 **법의학 회계감사** forensic audit 분야이며, 특히 회계부정을 통계적인 방법으로 감지한다. 검사 대상이 되는 회계 자료의 수들의 첫 자리 수의 분포가 벤포드의 법칙의 분포를 잘 따르는지 조사함으로써 회계 자료가 위조된 것인지 아닌지 검사하는 방법이다. 이 방법의 성공사례로 보고된 첫 번째 사례는 1995년의 뉴욕의 브루클린 지방 검사 사무실 Brooklyn District Attorney's office 의 사례이다. 이 사무실의 수석 재무 담당 검사는 첫 자리 수의 분포가 벤포드의 법칙의 분포를 잘 따르는지 조사함으로써 회사 7개를 절도로 기소했다.

또한 미국의 회계학자 칼스로Charles Carslaw는 뉴질랜드의 기업 중 이익 보고를 한 220개 기업을 대상으로 회계이익의 조정행태를 벤포드의 법칙을 이용하여 검증하였다. 그 결과 '0'에 가까운 숫자의 발생빈도가 유의하게 비정상적으로 많았고, '9'의 빈도는 적은 것으로 나타났다. 이 결과로부터 경영자는 반올림을 통해 더 높은 수익을 보고하려는 유인이 있는 것으로 확인되었다.[9]

미국의 수학자 니그리니Mark Nigrini가 미국 국세청의 개인소득세 1985년 108840건과 1988년 95713건을 이용하여 분석한 결과, 소득항목은 과소 표시하는 것으로 나타났고 공제항목은 과대표시하는 것으로 나타나 개인소득세에서 조세회피현상이 존재한다는 결과를 얻었다.[10]

이렇게 벤포드의 법칙은 특히 기업의 회계장부 숫자 자료의 분석에 많이 활용되고 있으며, 미국의 경제학자 베리안Hall Varian은 사회경제적인 데이터의 부정 탐지에도 벤포드의 법칙을 적용하는 것을 제안하였다. 현재 미국 국세청이나 공정거래위원회에서는 회계부정 여부를 판단하고 찾아내는 프로그램에 벤포드의 법칙을 활용한 수학적 기법을 적용하고 있다.

---

9 김동욱 (2016), 벤포드 법칙을 이용한 지방공기업 회계수치의 비정상적 행태에 관한 연구, 정부회계연구 14 (2), 123-153.

10 Nigrini, M. J. (1996). A Taxpayer Compliance application of Benford's Law. The Jou of American Taxation Association 18 (1): 72-91 (이장건(2015), 벤포드법칙과 회계부정: 감리지적기업을 중심으로, 회계저널 24 (5), 35-70에서 재인용).

마무리하며

앞에서 파레토 법칙, 지프의 법칙, 벤포드의 법칙에 대하여 알아보았는데, 모두 경험적인 법칙으로 우리의 예상을 뛰어넘는 놀라운 법칙이다. 사람들 각자가 자유의지에 따라 무작위로 행동하기 때문에 사회 현상에 어떤 규칙이 있을 것으로 예상하기 어려운데, 뜻밖에 파레토 법칙, 지프의 법칙, 벤포드의 법칙 등 사회 현상을 설명하는 여러 가지 법칙이 있다는 것과 그 법칙이 사회의 변화에 따라 바뀌기도 한다는 것을 알게 되었다.

자연 현상뿐만 아니라 사회 현상도 유심히 관찰하고 생활 주변에서 접하는 다양한 정량적 데이터들 속에서 규칙과 패턴을 찾고, 예측하고 검증하는 태도가 중요하다고 하겠다. 자연 현상이나 사회 현상 속에 숨겨져 있는 규칙을 발견하는 일은 학자들만의 전유물이 아니며, 그런 삶의 태도를 통해 우리가 살아가고 있는 사회를 더 깊게 이해할 수 있다. 4차 산업혁명의 혁명적 과학기술의 발달로 현대 사회는 큰 변화가 급속도로 진행되고 있다. 이런 변화 속에 어떤 새로운 규칙과 패턴이 발견될지 기대된다고 하겠다.

4차 산업사회를 위한 수학

01. 발굴된 유물이 얼마나 오래된 것인지 어떻게 알지?
02. 코로나19와 같은 전염병 확산 속도를 어떻게 예상하지?
03. 인공지능에 필요한 수학

수학은 과학공학기술 연구개발의 필수적인 기본 도구이다. 2019년 말에 발생하여 전 세계 인류의 삶을 완전히 바꾸었던 코로나19의 대응 정책 결정과 인공지능, 로봇, 3D 프린팅 등의 4차 산업혁명의 핵심 기술 개발에 수학은 핵심적인 역할을 한다. 이뿐만 아니라 발굴된 유물의 연대 측정을 통하여 인류 역사 연구에 결정적인 도움을 준다. 이런 분야에 수학이 어떻게 활용되는지 알아보자.

01
발굴된 유물이
얼마나 오래된 것인지 어떻게 알지?

궁금해요

예빈이는 예순이와 함께 1600년 전 유물이 발굴되었다는 뉴스를 보면서, 오래된 유물이 얼마나 오래된 것인지 어떻게 아는지 궁금했다.

◉◎◐ 발굴된 유물이 얼마나 오래된 것인지 어떻게 알지?

2020년 5월 AFP통신은 불가리아 북부 바초키로 동굴에서 현생인류의 치아와 뼛조각이 발견되었으며, 이것은 약 4만 5천 년 전 것으로 판명되었다고 보도했다.

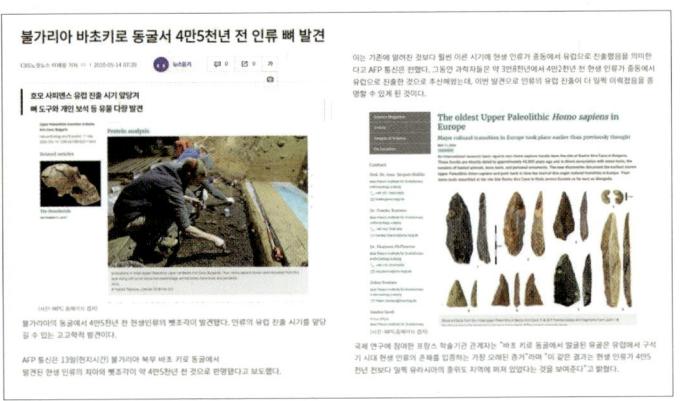

아래 그림은 대구의 공사 현장에서 발굴된 삼국시대 분묘 90기가 1600여 년 전 삼국시대에 조성된 분묘 유적임을 보도하는 뉴스이다.

이와 같이 아주 오래된 유물이 발굴되었다는 뉴스가 보도되면서 그 유물이 얼마나 오래된 것인지를 알려준다. 그런데 발굴된 유물이 1600년 또는 4만 5천 년 전의 유물이라는 것을 어떻게 알아냈을까? 그 원리와 방법에 대하여 알아보자.

탄소 동위원소

오래된 유물의 연대를 측정하는 방법으로 많이 사용되는 것 중에 탄소 동위원소를 이용한 연대측정법이 있다. 이 측정법은 **방사성 탄소 연대 측정법**Radiocarbon dating이라 불리는데, 탄소 동위원소의 특성을 이용한다.

동위원소란 원자번호는 같지만 원자량이 다른 원소를 말하는데, 예를 들어, 탄소 동위원소로는 C^{12}, C^{13}, C^{14}가 있고, 수소 동위원소로는 수소(H^1), 중수소(H^2)가 있다. 탄소 동위원소 C^{12}, C^{13}, C^{14}는 모두 탄소이기는 하지만, 세 원소의 무게(원자량)는 다르다. 보통의 탄소인 C^{12}는 무게가 12이고, 동위원소인 C^{13}은 무게가 13이고, 또 다른 동위원소인 C^{14}는 무게가 14이다. 특히, 동위원소 C^{14}는 방사선을 방출하는 방사성 동위원소이다.

방사성 탄소 연대 측정법

방사성 탄소 연대 측정법의 원리에 대하여 알아보자.

탄소 동위원소 C^{14}는 방사성 물질인데, 방사성 물질이란 방사능을 방출하는 물질이라는 뜻이다. 방사성 물질은 방사능을 방출하면서 물질의 양이 줄어드는 특징이 있다. 방사능을 방출한다는 것은 일종의 에너지를 방출한다는 것이고, 에너지를 방출하니까 자연스럽게 물질이 줄어들게 된다.

탄소의 종류가 C^{12}, C^{13}, C^{14} 이렇게 3가지이며, 공기 중에 C^{12}가 98.9%, C^{13}이 1.1%이고, C^{14}는 아주 조금 있는데, 전체 이산화탄소 양의 1조분의 1 정도 있다고 한다. 그런데 공기 중에 탄소 동위원소 C^{14}의 비율이 일정하게 유지되어 왔다고 알려져 있다. C^{14}가 방사성 물질이므로 시간이 지나면 줄어들게 되는데, 우주 방사선 등에 의해 새로 생겨나서 이 비율이 항상 일정하게 유지되고 있다는 것이다.

동물이나 식물의 경우 살아 있을 때에는 이들이 갖고 있는 C^{14}의 비율은 공기 중의 비율과 일치한다. 식물의 경우에는 광합성을 통해서 일정하게 유지되고, 동물의 경우에는 식물을 섭취하거나 호흡하면서 C^{14}가 몸에 들어오게 되어 일정하게 유지된다는 것이다.

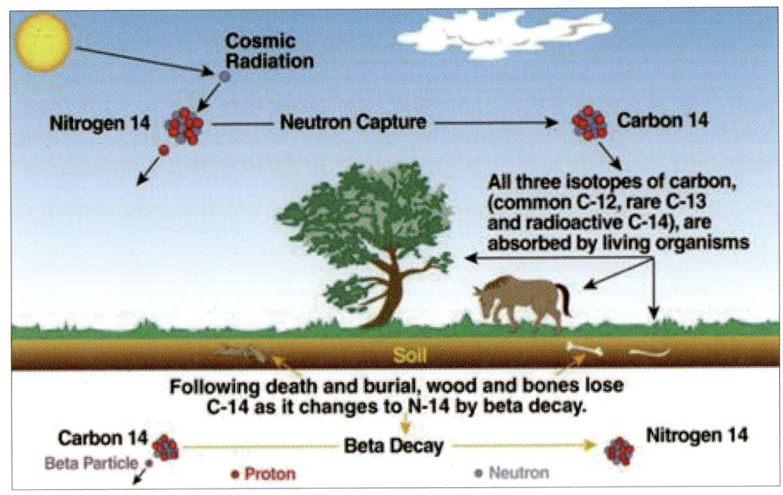

그런데 동물이나 식물이 죽게 되면 C^{14}의 비율은 줄어들게 된다. 왜냐하면 C^{14}의 비율이 일정하게 유지될 수 있었던 이유가 호흡이나 광합성 또는 식물 섭취 때문이었는데, 죽게 되면 이런 활동을 못 하게 되어 C^{14}가 보충되지 않아서 C^{14}의 비율이 줄어들게 되는 것이다. 이것이 바로 방사성 탄소 연대 측정법의 핵심 원리이다. 즉, 동식물이 죽게 되면 C^{14}의 양이 줄어들게 되므로, C^{14}가 얼마나 줄어들었느냐를 측정하면, 죽은지 얼마나 오래되었는지 알 수 있다는 것이다. C^{14}가 많이 줄어들었으면 죽은 지 오래된 것이고, 조금 줄어들었으면 죽은 지 얼마 되지 않은 것이다.

방사성 연대 측정법의 수학적 원리

이제 방사성 원소가 남아 있는 양을 이용하여 얼마나 오래된 것인지 알아내는 원리에 대하여 구체적으로 알아보자.

방사성 원소를 이용한 연대측정법의 수학적 원리

시각 t(년)일 때에 남아 있는 방사성 원소의 양을 $f(t)$라 하자. 그러면 $f'(t)$는 시각 t(년)일 때의 방사성 원소의 감소율이 된다. 이때, **방사성 원소의 감소율은 남아 있는 방사성 원소의 양에 비례**하므로, 비례상수를 k라 하면, $f(t)$는 다음 (미분)방정식을 만족한다.

$$f'(t) = k \cdot f(t) \qquad \cdots (1)$$

방정식 (1)의 해는 $f(t) = C \cdot e^{kt}$이다. 이때 $f(0) = C$이므로

$$f(t) = f(0) \cdot e^{kt} \qquad \cdots (2)$$

이다.

위의 식 (2)에서 비례상수 k를 방사성 원소의 반감기를 d를 이용하여 구하면, 식 (2)를 다음과 같이 나타낼 수 있다.

$$f(t) = f(0) \cdot 2^{-\frac{t}{d}} \qquad \cdots (3)$$

탄소 동위원소 C^{14}의 반감기 d는 약 5730년이므로 다음과 같이 정리할 수 있다.

정리

동물이 죽었을 때에 남아있는 C^{14}의 양을 $f(0)$라 할 때, 동물이 죽은 지 t년 후에 남아있는 C^{14}의 양 $f(t)$는 다음과 같다.

$$f(t) = f(0) \cdot 2^{-\frac{t}{5730}} \qquad \cdots (4)$$

이제 구체적으로 다음과 같은 사례의 경우 어떻게 구하는지 알아보자.

사례 1. 어떤 동굴에서 오래된 동물의 뼈가 발견되었다. 이 뼈에 있는 C^{14}의 양을 조사했더니 현재 살아 있는 동물의 뼈에 있는 C^{14} 양의

$\frac{1}{10}$이었다고 한다. 이 동물의 뼈는 약 몇 년 전 동물의 뼈인가?

풀이: 이 동물이 죽었을 당시의 시각을 0년이라 하고, t년 후인 현재 남아 있는 C^{14}의 양을 $f(t)$라 하자. 그러면 이 동물이 죽었을 당시에 동물에 남아 있는 C^{14}의 양은 $f(0)$이다. 현재 이 동물에 남아 있는 C^{14}의 양은 현재 살아 있는 동물의 뼈에 있는 C^{14}양의 $\frac{1}{10}$이므로 $f(t) = \frac{1}{10} f(0)$이다. 따라서 다음 등식이 성립한다.

$$\frac{1}{10} f(0) = f(0) \cdot 2^{-\frac{t}{5730}}$$

위 식을 풀면 $t = \frac{5730}{\log 2} \approx 19000$(년)이다. 따라서 약 19000년 전 동물의 뼈이다.

방사성 탄소 연대 측정법의 활용

탄소 동위원소 C^{14}를 이용한 방사성 탄소 연대 측정법은 C^{14}의 조성비를 측정하여 연대를 측정하는 방법이다. 이 측정법은 유기물이 포함된 나무나 동물의 잔재와 같은 고고학 유물에 많이 사용되고 있으며, 5만 년까지의 연대를 측정할 수 있다고 한다. 이 방법은 1949년 시카고 대학교의 윌라드 리비Willard Libby, 1908~1980와 그의 동료들이 발견하였으며, 리비는 1960년 노벨화학상을 수상하였다.

윌라드 리비

방사성 연대측정법은 인류의 자연사와 역사를 연구하는 데 획기적인 방법이다. 이 방법으로 북아메리카의 식물 경작의 역사를 알려주는 유물로 뉴멕시코 선사동굴에서 발견된 옥수수 속대에서부터 고대 유대인 세계와 구약성서 연구에 새로운 관점을 제공한 사해문서(死海文書)에 이르기까지 수천 가지 유물들의 연대를 정확하게 측정하게 되었다.

사해문서

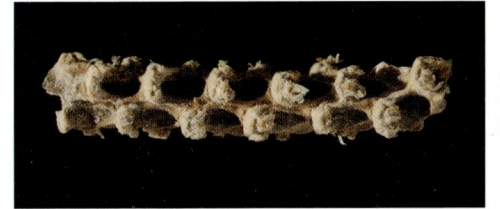
5310년 전의 옥수수

테오신트(위) 옥수수 테오신트 잡종(가운데), 옥수수(아래)의 비교

　방사성 원소의 반감기를 이용한 방법은 탄소 동위 원소 이외에 다른 동위원소를 사용하기도 한다. 탄소 동위 원소는 반감기가 약 5730년이기 때문에, 측정할 수 있는 범위는 대략 5만 년 이내이다. 5만 년이 넘는 경우에는 반감기가 더 긴 방사성 동위원소를 이용해야 한다. 예를 들어, 칼륨아르곤법이 있다. 칼륨40이라는 방사성 동위원소는 방사성 붕괴를 일으켜 아르곤 40으로 변하는데, 반감기가 약 12억 5000만 년으로 길어서, 방사성 탄소 연대 측정법보다 훨씬 긴 연대를 측정할 수 있다. 이 밖에도 우라늄 동위원소인 우라늄238과 우라늄235의 방사성 붕괴를 이용한 연대측정법이 있는데, 우리늄238의 반감

기는 약 44억 6800만 년이기 때문에 지구가 탄생했던 시기의 연대까지 측정할 수 있다.

마무리하며

　오래된 유물이 얼마나 오래전 것인지 아는 방법에 대하여 알아보았는데, 방사성 원소의 시간이 지남에 따라 질량이 감소하는 특성이 이용된 것이다. 생물이 살아 있을 때는 방사성 원소의 비율이 일정한데 죽은 후부터는 비율이 줄어든다는 특성이 이용되었다. 줄어든 비율로부터 죽은 후 지난 시간을 계산하는 과정을 수학적으로 해결할 수 있었으며, 그 결과는 고고학과 같은 역사 연구에 중요하게 활용되고 있다. 변하지 않는 성질도 중요하지만, (시간에 따라) 변하는 성질도 중요함을 알 수 있다. 생활하면서 접하는 것들을 유심히 관찰하고 변하는 것과 변하지 않는 것에 관심을 두고 규칙을 찾는 태도가 중요하다고 하겠다.

02. 코로나19와 같은 전염병 확산 속도를 어떻게 예상하지?

궁금해요

정부에서 코로나19 대책을 발표할 때 '2주 후 하루 확진자 수가 몇 명'이라 하며 확진자 수를 예측해요. 수학적으로 분석해서 감염자 수를 예측한다고 하는데, 구체적으로 어떻게 하는지 궁금해요.

🌐◎🌀 코로나19의 감염자 수를 어떻게 예측할까

2020년 1월 20일 국내에서 처음으로 신종 코로나 바이러스 감염자가 확인되었으며, 이후 코로나19 감염자 수는 나날이 증가하였고 정부의 방역 대책으로 사회적 거리두기가 시행되었다.

코로나19 관련한 뉴스 보도에서는 2주 후에 하루 확진자 수가 몇 명이 될 것이란 예상과 함께 이에 따른 정부의 방역 대책을 설명하는 기사를 흔하게 볼 수 있었다.

2주 후 코로나19 하루 확진자 12~29만명대…9월 초 감소 전망도
2022.08.11 15:44

| 수리연 코로나19 확산 예측 보고서

8일 오전 서울 마포구보건소 선별진료소를 찾은 시민들이 검사를 기다리고 있다. 연합뉴스 제공

신종 코로나바이러스 감염증(COVID-19·코로나19) 확진자수가 8월에는 확산세를 유지할 것이라는 수리모델링 분석 결과가 나왔다. 여름휴가철 막바지 이동량 증가 등을 고려해 한명의 감염자가 몇명을 감염시키는지를 따지는 감염재생산지수가 현재 수준을 유지하거나 현재보다 다소 증가할 경우 2주 뒤 하루 28만명대의 확진자가 발생할 것이란 전망도 제시됐다. 일부 전문가들은 9월 초부터는 증가세가 주춤하거나 감소세가 이어질 가능성도 있다고 내다봤다.

코로나 확산 방지 대응과 정책 결정 과정에서 가장 중요한 것 중의 하나가 코로나 확진자 수의 예측이다. 대응 방안에 따라 예상되는 확진자 수의 변화를 예측하고 적절한 방안과 정책을 결정하게 된다. 이렇게 코로나19 확진자 수의 예측이 중요한 역할을 했는데, 확진자 수를 예측하는 데에 수학이 매우 중요한 역할을 했다고 한다. 수학적으로 어떻게 예측했는지 구체적으로 알아보자.

감염병의 수학적 모델링

신종 플루나 코로나19와 같은 감염병의 확산을 막고 종식시키기 위해서는 감염병이 확산되는 경로와 감염자 수를 예측하고 적절한 방역 대책을 마련하여 실행하는 것이 중요하다.

감염병이 퍼져 나가는 상태를 나타내는 수학식을 만들어 전파 상황을 분석하고 향후 전개될 양상을 예측하는데 활용되는 분석모델을 감염병 수리모델이라 한다. 세계보건기구WHO, World Health Organization와 각국의 방역 당국은 대부분 각국의 현실에 맞는 수리 모델을 개발하고 그 결과를 바탕으로 적절한 방역 정책을 실행하고 있다.

감염병 수리 모델은 전염병이 전파되는 과정이 어떠냐에 따라 달라지는데 SIR 모델, SEIR 모델, SEIHR 모델 등 여러 가지 모델이 있다. 적용 대상 전염병이 전파되는 과정에 따라 적합한 모델을 선택하여 감염자 수 예측을 포함한 방역에 필요한 심도 있는 연구를 수행하게 되고, 연구 결과를 바탕으로 적절한 방역 정책을 수립하고 실행하게 된다.

SIR 모델

SIR 모델은 감염병 모델 중에서 가장 기본적인 모델이다. 감염병 모델은 전염병이 전파되는 과정이 어떻게 되느냐에 따라 달라지는데,

SIR 모델은 전염병 전파과정이 다음과 같이 간단한 경우에 적용된다.

❖ SIR 모델에서의 전염병 전파과정

SIR 모델에서의 전염병 전파 과정은, 우선 감염 가능성이 있는 사람들, 즉 **감염가능군**Susceptible에서 시작한다. 감염가능군의 사람들 중에서 감염된 사람들, 즉 **감염군**Infective이 생기고, 감염군에서 회복된 사람들, 즉 **회복군**Removed이 된다고 가정한다.

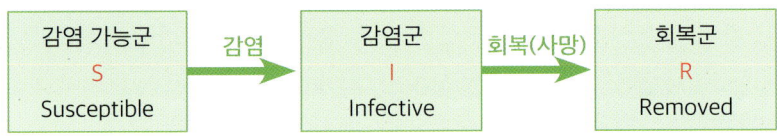

이때 감염군에 있다가 사망한 사람도 회복군에 포함시키며, 회복군으로 이동한 사람은 면역이 생겨서 더 이상 병에 감염되지도 않고 다른 사람에게 전염시키지도 않는다고 가정한다. 또한 인구의 자연 출생과 자연 사망은 고려하지 않는다.

SIR 모델에서는 전체 집단을 감염가능군(S), 감염군(I), 회복군(R)의 세 집단으로 구분하며, 각 집단명의 영어 첫 글자를 따서 SIR 모델이라고 부른다.

❖ SIR 모델 분석

전염병이 진행되는 양상에 따라 전체 감염자 수가 늘어나기도 하고 줄어들기도 하는데, SIR 모델의 세 집단, 감염가능군(S), 감염군(I), 회복군(R)을 통해 보면, 감염가능군에서 감염군으로 이동하는 사람들이 있고, 감염군에서 회복군으로 이동하는 사람들이 있다. 이때, 감염가능군에서 감염군으로 이동하는 사람 수가 감염군에서 회복군으로 이동하는 사람보다 많으면 전체 감염자 수는 늘어나고, 적으면 감염자 수는 줄어든다. 따라서 감염가능군에서 감염군으로 이동하는 사람 수와 감염군에서 회복군으로 이동하는 사람 수가 어떻게 되느냐가 매우 중요하다. 이때 한 군에서 다른 군으로 이동하는 사람 '수'보다 '비율'이 정확한 개념이다. 따라서 SIR 모델의 분석에서 감염가능군(S)에서 감염군(I)으로 이동하는 비율과 감염군(I)에서 회복군(R)으로 이동하는 비율이 어떤지 정해야 한다.

SIR 모델에서는 한 군에서 다른 군으로 이동하는 비율이 한 군의 사람 수에 비례한다고 가정한다. 더 상세하게는 다음과 같다.

▶ **감염가능군(S)에서 감염군(I)으로 이동하는 비율**

감염가능군(S)에서 감염군(I)으로 이동하는 비율에 영향을 주는 것을 생각해보면 첫째는 감염가능군의 사람이 많을수록 감염가능군에서 감염군으로 이동하는 비율이 커질 것이다. 그리고 둘째는 감염된 사람이 많을수록, 즉 감염군의 사람 수가 많을수록 감염가능군에서 감염군으로 이동하는 비율이 커질 것이다. 그리고 각각의 비율은 서로 영향을 주어 상승시키므로, 최종적으로 감염가능군(S)에서 감염군(I)으로 이동하는 비율은 감염가능군(S)과 감염군(I)의 곱에 비례한다고 볼 수 있다.

> 감염가능군(S)에서 감염군(I)으로 이동하는 비율은
> S와 I의 곱 SI에 비례한다.   ···(1)

▶ **감염가능군(S)에서 회복군(R)으로 이동하는 비율**

감염군(I)에서 회복군(R)으로 이동하는 비율에 영향을 주는 것을 생각해보면 감염된 사람이 많을수록, 즉 감염군의 사람이 많을수록 감염군(I)에서 회복군(R)으로 이동하는 비율이 커질 것이다. 그러므로 감염군(I)에서 회복군(R)으로 이동하는 비율은 감염군에 비례한다고 볼 수 있다.

> 감염군(I)에서 회복군(R)으로 이동하는 비율은
> I에 비례한다.   ⋯(2)

이제 앞에서 살펴본 비율에 대한 가정 (1)과 (2)를 이용하여 본격적으로 수식을 만들어보자.

(1) 감염가능군(S)에서 감염군(I)으로 이동하는 비율은 S와 I의 곱 SI에 비례한다.

'감염가능군(S)에서 감염군(I)으로 이동하는 비율'은 '감염가능군(S)이 변하는(줄어드는) 비율'과 같고, '감염가능군(S)이 변하는(줄어드는 비율'은 변화율이므로 기호로 $\dfrac{ds}{dt}$이다. 한편 이 비율이 'S와 I의 곱 SI에 비례'한다는 것에서 비례상수를 α라 하면 αSI가 된다.

따라서 가정 (1)을 수식으로 나타내면 $\dfrac{ds}{dt} = \alpha SI$가 된다. 이때, 감염가능군(S)이 줄어들기 때문에 감염가능군의 변화율 $\dfrac{ds}{dt}$은 음수가 된다.

(2) 감염군(I)에서 회복군(R)으로 이동하는 비율은 I에 비례한다.

'감염군(I)에서 회복군(R)으로 이동하는 비율'은 '회복군(R)이 변하는(증가하는) 비율'과 같고, '회복군이 변하는(증가하는) 비율'은 변화율이므로 기호로 $\dfrac{dR}{dt}$ 이다. 한편 이 비율이 'I에 비례'한다는 것에서 비례상수를 β라 하면 βI가 된다.

따라서 가정 (2)를 수식으로 나타내면 $\dfrac{dR}{dt} = \beta I$가 된다.

한편 감염군(I)의 변화율(감염된 사람의 변화율)은 기호로 나타내면 $\dfrac{dI}{dt}$ 이고, 이 비율은 '감염가능군(S)에서 감염군(I)으로 이동하는 비율'에서 '감염군(I)에서 회복군(R)으로 이동하는 비율'을 뺀 것과 같으므로, 식 $\dfrac{dI}{dt} = \alpha SI - \beta I$를 얻는다.

위에서 얻은 수식을 모으면 다음과 같다.

$$\begin{cases} \dfrac{dS}{dt} = -\alpha SI \\ \dfrac{dI}{dt} = \alpha SI - \beta I \\ \dfrac{dR}{dt} = \beta I \end{cases} \quad \cdots (A)$$

이제 이 연립 (미분)방정식 (A)에서 상수 α, β의 값이 정해지면 이 방정식을 풀 수 있게 되어, 시간에 따른 S, I, R 각 집단의 사람 수 $S(t)$, $I(t)$, $R(t)$를 결정할 수 있다. 이때 $t > 0$인 값에 대한 $S(t)$, $I(t)$, $R(t)$을 구하면 미래의 감염가능군(S), 감염군(I), 회복군(R) 각각의 인원수를 예측할 수 있게 된다.

SIR 모델은 홍역, 볼거리, 풍진처럼 어릴 때 한 번 앓으면 영원히 면역력을 얻을 수 있는 질병에 잘 맞는다.

참고로 위의 식 (A)의 세 식을 변변 더하면 다음을 얻는다.

$$\frac{dS}{dt}+\frac{dI}{dt}+\frac{dR}{dt}=0 \Rightarrow \frac{d}{dt}(S+I+R)=0$$
$$\Rightarrow S+I+R=N \text{ (상수, 전체 사람의 수)}$$

이때, N은 상수로서 전체 사람의 수이다.

위 식에서 사용된 기호의 의미를 정리하면 다음과 같다.

기호	의미	기호	의미	기호	의미
S	감염가능군의 수 (감염되지 않은 사람의 수)	$\frac{dS}{dt}$	감염가능군의 변화율	α	전파율
I	감염군의 수 (감염된 사람의 수)	$\frac{dI}{dt}$	감염군의 변화율	β	회복률
R	회복군의 수 (회복되거나 사망한 사람의 수)	$\frac{dR}{dt}$	회복군의 변화율	N	전체 사람의 수

◉◎◖ 여러 가지 감염병 모델

SIR모델은 전체 집단을 감염가능군Susceptible, 감염군Infective, 회복군Removed의 세 집단으로 간단하게 구분하였다.

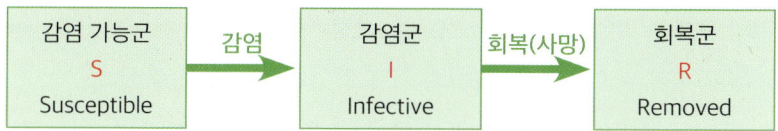

그러나 전염병에 따라서는 잠복기에 있는 집단 또는 확진되어 격리되어 있는 집단을 고려해야 하는 경우도 있다. 이런 집단을 고려하는 모델로는 다음과 같은 SEIR모델과 SEIHR모델이 있다.

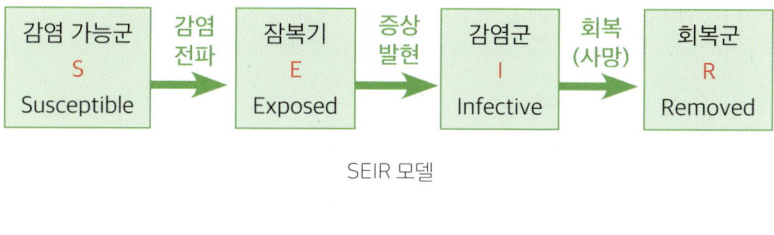

SEIR 모델

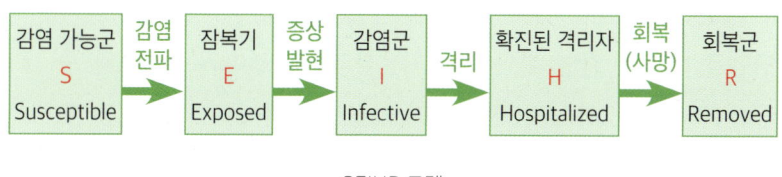

SEIHR 모델

우리나라의 코로나19 분석에서는 SEIHR 모델을 우리나라 상황에 맞게 구축하여 분석한 경우가 많다.

기초 감염 재생산 지수

전염병이 확산하는 실제 상황이 발생하면 개발된 감염병 모델을 이용하여 전염자 수를 비롯한 여러 가지 분석을 실시하게 된다. 이때 감염병 모델의 변수에 필요한 수치를 설정해야 하는데, 이 수치들은 전염병의 실제 상황의 여러 가지 수치를 참고하여 설정하게 된다.

감염병 모델을 통해 질병 확산 양상에 대하여 분석할 때 가장 중요하게 여기는 것 중의 하나가 질병의 확산 여부이다. 실행 가능한 여러 가지 방역 대책들을 적용했을 때 질병의 확산 정도를 검토하는 것을 통해 어떤 방역 대책을 적용할지 결정하게 된다. 이때 질병 확산과 관련된 가장 중요한 지표 중의 하나가 '감염 재생산 지수Basic Reproduction Number'이다.

SIR 모델에서 감염 재생산 지수 R은 다음과 같이 정의된다.

$$R = \frac{\alpha}{\beta}$$

이때, α는 SIR 모델에서 전파율이고, β는 회복률이다.

복잡한 감염병 모델에서는 여러 다른 상수들이 감염 재생산 지수에 영향을 미친다. 감염 재생산 지수는 감염병이 전파되는 속도를 수치로 나타낸 것으로, 한 감염자가 다른 사람에게 감염시킬 수 있는 평균적인 2차 감염자의 수를 나타낸 것이다. 예를 들어 $R > 1$이면, 감염자 1명으로부터 1명 이상의 사람이 추가로 감염될 수 있다는 뜻이고, 이 경우에는 시간에 따라 감염자 수가 증가하게 된다. 반대로 $R < 1$이면, 감염자 1명으로부터 1명 미만의 사람이 추가로 감염될 수 있다는 뜻이고, 이 경우에는 시간에 따라 감염자 수가 감소하게 된다. 따라서 감염 재생산 지수 R의 값은 감염병의 확산 여부를 예측하는 데에 중요한 역할을 한다. 홍역의 경우 감염 재생산 지수는 12~18이고, 이는 감염된 사람 1명으로부터 많게는 18명까지 새로운 감염자가 추가로 발생할 수 있다는 뜻이다. 중국 후베이성에서의 코로나19 초기 유행 단계 모델에서 감염 재생산 지수는 4.2655로 추정되었고, 우리나라의 코로나19 초기

유행단계에서 감염 재생산 지수는 0.5555로 추정되었으며, 대구와 경북 지역에서 2020년 2월 18일 첫 감염자가 확진된 이후 급격히 증가하는 양상을 보였을 당시의 감염 재생산 지수는 3.4831로 추정되었다.[1]

❈ 사회적 거리두기와 감염자 수 줄이기

감염병 모델을 통해 얻은 분석 결과를 이용하여 가장 먼저 해결해야 할 문제는 '감염자 수를 줄이는 것'이다. 감염자 수를 줄이는 방법으로 가장 먼저 생각할 수 있는 것이 새로 감염되는 사람 수를 줄이는 것이다. 이것은 앞에서 소개한 SIR 모델에서 전파율 α 값을 줄이는 것과 같다. 그리고 이렇게 하기 위한 방법 중의 하나로 생각할 수 있는 것이 감염자가 미감염자와 접촉하는 것을 줄이는 방법, 즉 사회적 거리두기가 있다. 사회적 거리두기는 약한 사회적 거리두기부터 강한 사회적 거리두기까지 여러 단계로 나누어져 있다.

독일 막스플랑크 연구소 연구진은 독일의 코로나19 역학 데이터를 활용하여 사회적 거리두기의 강도에 따른 감염 확산 방지 영향을 분석하고, 그 연구 결과를 2020년 7월 국제학술지 사이언스 Science에 발표했다. 아래 그림 속 실선은 실제 역학 데이터, 점선은 예상치를 나타내며 빨간색, 주황색, 초록색 선은 각각 약한 사회적 거리두기, 강한 사회적 거리두기, 접촉 금지 조치를 나타낸다.[2]

---

[1] 기모란·최선화 (2020). 수학적 모델링(SEIHR)을 활용한 코로나 19 감염병 유행 관리, 통계플러스, v. 10, pp. 6-23.

[2] Dehning J, Zierenberg J, Spitzner FP, Wibral M, Neto JP, Wilczek M, et al. Inferring change points in the spread of COVID-19 reveals the effectiveness of interventions. Science. 2020;369(6500).., 코로나19 과학 리포트2, 기초과학연구원 뉴스센터, https://www.ibs.re.kr/cop/bbs/BBSMSTR_000000001003/selectBoardArticle.do?nttId-=20165&pageIndex=1&searchCnd=&searchWrd.

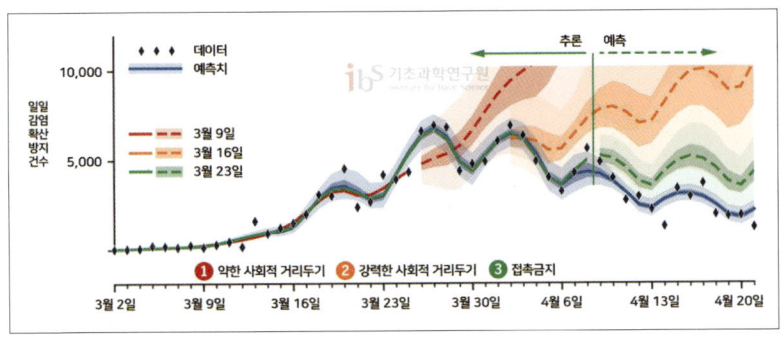

사회적 거리두기 강도에 따른 감염 확산 방지 영향

●◐◑◐ 감염병 모델 연구의 역사

전염병 모델 연구는 스위스 수학자 다니엘 베르누이Daniel Bernoulli, 1700~1782로부터 시작되었다고 볼 수 있다. 그는 1766년 확률이론을 이용하여 천연두 때문에 얼마나 많은 사람들이 죽었는지 분석한 결과를 발표했다.

다니엘 베르누이

이후 20세기 초부터 전염병 모델을 체계적으로 연구하기 시작했으며, 영국의 수학자 하먼은 영국 런던에서 발생했던 홍역이 어떻게 유행하는지에 대한 모델을 제시했고, 병리학자 로널드 로스Ronald Ross, 1857-1932는 말라리아를 옮기는 기생충을 발견하고 그 확산 모델로 1902년 노벨 생리학·의학상을 수상했다.

로널드 로스

스코틀랜드 수학자 윌리엄 커맥William Ogilvy Kermack, 1898~1970과 예방 역학자인 앤더슨 맥켄드릭Anderson Gray McKendrick,

1876~1943이 1927년부터 1933년까지 영국 왕립학회지에 3편에 걸쳐서 출판한 논문 〈전염병의 수학적 이론에 대한 공헌A Contribution to the Mathematical Theory of Epidemic〉이 전염병에 대한 현대적 연구의 시작이라 할 수 있다. 이 논문에서 연구자들은 전염병이 유행하기 위한 초기 조건과 전염병의 확산 정도를 예측하는 SIR 모델을 제시했으며, 이 모델을 이용하여 1905년부터 1년 동안 인도 봄베이와 1665년 영국의 한 마을에서 홍역으로 사망한 사람의 수를 정확하게 예측했다.[3]

윌리엄 커맥

앤더슨 맥켄드릭

그러나 최신의 수학적 모델과 첨단의 연구기법을 적용하여 분석한다고 해도 감염병 확산 양상

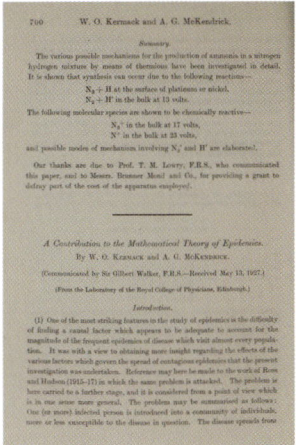

커맥과 맥켄드릭의 논문

---

3 이상구 (2010), 신종 인플루엔자의 수학적 모델링, 한국수학교육학회지 시리즈 E 〈수학교육 논문집〉 24(4), 877-889

과 종료 시점을 정확히 예측하는 것은 매우 어려운 일이다. 전염병의 확산이 한창 진행 중일 때에는 예상치 못한 돌발 상황과 변수들이 나타나기 때문이다.

마무리하며

수학적으로 코로나 확진자 수를 어떻게 예상하는지 알아보았는데, 확진자 예상 결과는 사회적 거리두기 단계를 비롯한 정부의 방역 대책 수립에 중요한 자료로 활용되었다. 수학이 실생활에 얼마나 중요한지 느낄 수 있는 대목이다.

확진자 예상에서 가장 먼저 하는 일이 감염병 모델을 만드는 일이다. 감염병이 어떻게 전파되는지 그 과정을 수학적 모델로 만드는 것이다. 그래야 수학적 도구를 적용하여 수식화할 수 있기 때문이다.

실생활의 사례를 분석하려고 할 때 가장 먼저 해야 하는 일은 분석이 가능하도록 모델을 만드는 일인데, 모델을 만들 때 중요한 것은 그 현상 속에 있는 문제 상황을 명확히 파악하고, 그 문제에 영향을 미치는 중요한 요인이 무엇인지 식별하고, 요인들의 관계를 바탕으로 적합한 모델을 만드는 일이다. 이때 주어진 상황에서 핵심적인 요인과 부수적인 요인이 무엇인지 분별하는 것과 핵심적인 요인을 중심으로 상황을 단순화하는 것이 중요하다. 생활하면서 접하는 고민되는 문제나 어려운 상황이 있을 때 이와 같은 모델링의 방법을 적용하여 분석하는 것은 수학적 모델링을 실생활에 활용하는 좋은 사례라고 할 수 있다.

03
인공지능에 필요한 수학

 궁금해요

인공지능에 수학이 많이 쓰인다고 하는데,
수진이는 구체적으로 어떤 수학이 어떻게 쓰이는지 궁금했다.

인공지능 시대와 수학의 중요성

2016년 3월 9일 인공지능 알파고와 이세돌 9단이 바둑 대결을 했다. 이 경기는 세기의 대결이라 불릴 만큼 세간에 큰 관심을 끌었다. 결과는 놀랍게도 인공지능이 4:1로 승리하였다. 인류를 대표한 최고의 바둑기사가 인공지능Artificial Intelligence, AI에 패한 것에 전문가들은 깜짝 놀랐다. 인공지능이 바둑에서 인간 최고수를 이긴 것은 이번이 처음이기 때문이다.

바둑은 경우의 수가 너무 많아 인공지능으로 구현하기 어려운 것으로 간주되었으며, 인공지능과 사람과의 대결에서 인공지능이 사람을 이기기에는 아직은 역부족일 것이라고 여겨졌다. 그래서 바둑은 인공지능이 인간의 능력에 얼마나 가까이 발전했는지를 가늠할 수 있는 분야로 여겨졌다. 그런데 인공지능 알파고가 이세돌 9단을 이김으로써 바둑 분야에서 인공지능이 인간을 앞지른 것으로 판명되었다.

그런데 인공지능에 수학이 중요하게 활용된다고 한다. 인공지능에 어떤 수학이 어떻게 쓰이는지 궁금하다.

🔵⚪🔵 인공지능 프로그램의 기초

인공지능 프로그램에 어떤 수학이 어떻게 쓰이는지 알아보는 가장 좋은 방법 중의 하나는 인공지능 프로그램을 구체적으로 살펴보는 것이다. 인공지능 프로그램이 어떻게 구성되어 있는지 구체적으로 살펴보게 되면, 인공지능에 어떤 수학이 어떻게 활용되는지를 구체적이고 명확하게 확인할 수 있기 때문이다. 이를 위해 대표적인 인공지능 프로그램 중의 하나로 손으로 쓴 숫자가 어떤 숫자인지 인식하는 '손글씨 숫자 인식 인공지능 프로그램'에 대하여 알아보자.

❇ 선형회귀와 최소제곱법

인공지능 프로그램에 대하여 본격적으로 살펴보기 전에, 인공지능 프로그램을 이해하는 데에 필요한 가장 기본이 되는 '선형회귀'와 '최소제곱법'에 대하여 먼저 알아보자.

노파심에서 얘기하자면, 독자가 앞으로의 내용을 읽다가 이해가 잘 안 되거나 어렵다면 무리해서 이해하려고 애쓰지 말고 가볍게 넘어가기 바란다. 왜냐하면 이 내용을 소개하는 목적이 인공지능 프로그램에 수학이 정말로 필요하다는 것을 느끼고, 어떤 수학이 어떻게 쓰이는지 알기 위한 것이기 때문이다.

❇ 최소제곱법

어떤 대상을 연구할 때 가장 먼저 하는 일 중의 하나가 그 대상의 특성을 잘 반영하는 (수학적) 모델을 만드는 일이다. 그리고 그 모델은 연구자가 다루기 쉬운 형태이어야 하고, 연구하려고 하는 대상의 중요한 특성을 포함하고 있어야 한다. 그래야 연구자가 모델을 이용하여 수학적 분석 도구와 컴퓨터 프로그램을 통해 분석을 할 수 있기 때문이다.

실제 데이터를 바탕으로 모델을 만들거나 분석하는 일이 많은데, 이 과정에서 중요한 문제 중의 하나가 실제 데이터와 모델 사이에 생길 수밖에 없는 오차를 어떻게 얼마나 줄이느냐 하는 것이다.

예를 들어, 다음과 같은 키와 몸무게 데이터로부터 키와 몸무게 간의 관계식을 얻는다고 하자.

	1	2	3	4	5	6
키(cm)	157	163	168	173	177	183
몸무게(kg)	53	67	62	87	75	92

이 데이터를 그림으로 나타내면 아래 왼쪽 그림과 같고, 이로부터 오른쪽 그림과 같이 키와 몸무게는 직선, 즉 선형(직선) 관계에 있음을 알 수 있다.

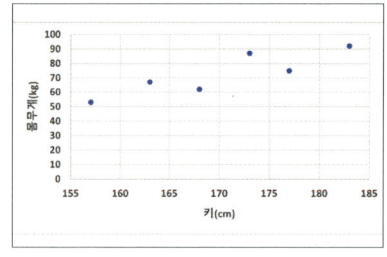 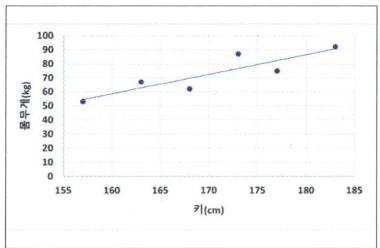

그런데 주어진 데이터를 직선으로 근사시킬 때 사람마다 근사시키는 직선이 다를 수 있다. 따라서 어떤 직선이 주어진 데이터에 가장 적합한 것이냐는 질문이 생긴다.

> 주어진 데이터에 가장 적합한 직선은 어떤 직선일까?

이 질문에서의 핵심은 '적합하다'는 것을 어떤 것으로 나타낼 것이냐이다. 즉, 어떤 양을 갖고 적합하다는 정도를 나타낼 것이냐이다.

적합하다는 것을 얘기할 때 떠오르는 것이 '오차'일 것이다. 주어진 데이터를 직선으로 근사시킬 때, 필연적으로 오차가 생기게 되는데, 오차가 가장 작은 직선을 가장 적합한 직선이라 할 수 있다.

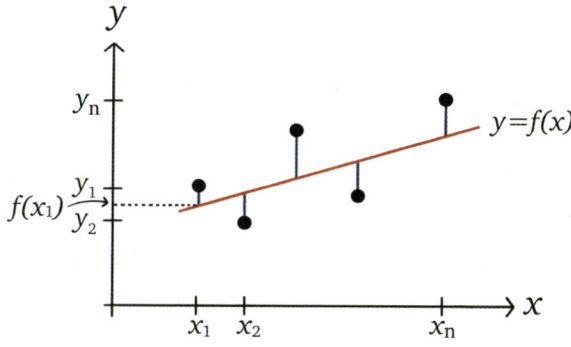

이제 데이터 $(x_1, y_1), (x_2, y_2), \cdots, (x_n, y_n)$를 직선 $y=f(x)$로 근사시켰다고 하면 오차는 다음과 같이 된다.

$$\sum_{i=1}^{n} |y_i - f(x_i)| \quad \cdots \text{ (1)}$$

그런데 보통은 다음과 같이 오차의 제곱의 합을 계산한다.[1]

$$\sum_{i=1}^{n} (y_i - f(x_i))^2 \quad \cdots \text{ (2)}$$

위의 식 (2)에 주어진 오차의 제곱의 합이 최소가 되도록 하는 직선을 구하는 것을 **최소제곱법**least square method이라 부른다.

❈ 최소제곱법의 예

예를 들어, 전철역까지의 거리 x(km)와 상가의 월 임대로 y(만원)의 관계를 조사한 결과가 다음과 같다고 하자.

번호	역까지의 거리(km)	월 임대로(만원)
1	0.5	60
2	0.7	57
3	0.9	55
4	1.1	50

전철역까지의 거리와 월 임대료

---

[1] 오차의 제곱의 합으로 계산하면 미분 계산이 간편해지는 장점이 있다.

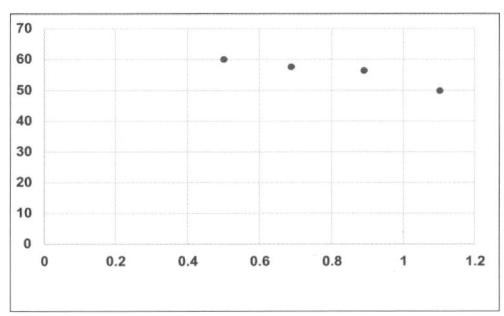

이때 구하는 직선의 방정식을 $y = ax + b$라 하면, 오차 E는 다음과 같다.

$$E = \sum_{i=1}^{4} (y_i - (ax_i + b))^2 \quad \cdots (1)$$

위 식 (1)에 위 표의 데이터를 이용하여 E의 최솟값을 다음과 같이 구할 수 있다.

$$\begin{aligned} E &= (60 - (0.5a + b))^2 + (57 - (0.7a + b))^2 + (55 - (0.9a + b))^2 \quad \cdots(2) \\ &\quad + (50 - (1.1a + b))^2 \\ &= 0.04(69a^2 + 160ab + 100b^2 - 8720a - 11100b + 309350) \\ &= 2.76a^2 + 6.4ab + 4b^2 - 348.8a - 444b + 12374 \end{aligned}$$

이때, E가 최솟값을 가지려면 위 식 (2)를 a와 b로 (편)미분한 값이 0이 되어야 한다. 따라서 다음과 같은 식을 얻는다.

$$\frac{\partial E}{\partial a} = 5.52a + 6.4b - 348.8 = 0 \qquad \cdots (3)$$

$$\frac{\partial E}{\partial b} = 6.4a + 8b - 444 = 0$$

위의 식 (3)은 a, b의 (2원 1차)연립방정식인데, 이 방정식을 풀면 $a = -16$, $b = 68.3$를 얻는다. 따라서 앞의 표의 데이터를 근사시키는 최적의 직선은 다음과 같다.

$$y = -16x + 68.3$$

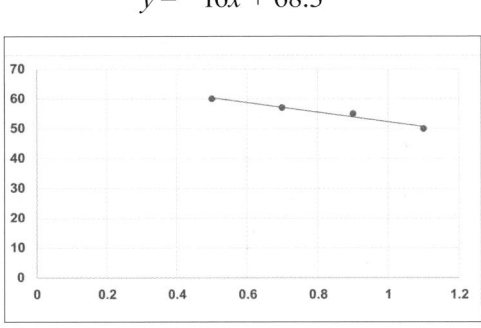

이 회귀직선을 이용하여, 전철역까지의 거리가 1.2km이면 상가의 월 임대료는 49만 원 정도이고, 거리가 0.4km이면 월 임대료는 62만 원 정도일 것으로 예측할 수 있다.

이렇게 모델 식의 결과와 실제 데이터의 오차가 최소가 되도록 하는 모델식의 계수를 구할 때 최소제곱법이 사용된다.

일반적으로 변수가 여러 개일 때에도 같은 방법으로 할 수 있다.

앞에서는 변수가 '거리'뿐이었는데, 예를 들어 변수가 거리 x_1, 방의

넓이 x_2, 건물의 준공 후 기간 x_3라 하자. 그러면 구하는 방정식은

$$y = a_1x_1 + a_2x_2 + a_3x_3 + b \qquad \cdots (4)$$

가 되고, 오차 E는 다음과 같이 된다.

$$E = \sum_{i=1}^{n} |y_i - f(x_i)| \qquad \cdots (5)$$

❖ 선형회귀

이와 같이 데이터를 분석하다 보면 한 변수(키)와 다른 변수(몸무게) 사이의 선형 상관관계를 모델링하는 일이 많다. 이렇게 한 개 이상의 (독립)변수 x와 (종속)변수 y의 직선(선형) 상관관계를 모델링하는 기법을 **선형회귀**라고 한다. 그리고 한 개의 독립 변수에 기반한 경우를 **단순 선형회귀**라 하고, 두 개 이상의 독립 변수에 기반한 경우를 **다중 선형회귀**라 한다. 인공지능 프로그램에서 선형회귀 linear regression 는 가장 기본적으로 사용된다.

실제 데이터를 바탕으로 모델을 만들 때 가장 직관적이고 간단한 모델은 직선이다. 선형회귀는 직선(선형 함수)을 사용하여 회귀식을 모델링하며, 이렇게 만들어진 회귀식을 **선형 모델**이라 한다. 이처럼 데이터가 주어졌을 때 그 데이터를 가장 잘 설명할 수 있는 직선을 찾고 분석하는 방법을 **선형회귀분석**이라 한다.

손글씨 숫자 인식 인공지능 프로그램

이제 손으로 쓴 숫자를 인식하는 인공지능 프로그램을 어떻게 만드는지 알아보자.

손글씨 숫자 인식 프로그램을 만들려면 우선 손으로 쓴 손글씨 숫자 데이터가 필요하다. 이를 위해 손글씨 숫자 데이터를 편리하게 이용할 수 있도록 제공하는 데이터 세트에 대하여 알아보자.

MNIST 데이터 세트

손글씨 숫자 데이터를 모아 놓은 데이터 세트인 MNIST는 인공지능 연구의 권위자 라쿤LeCun 교수가 만든 데이터 세트이다.

 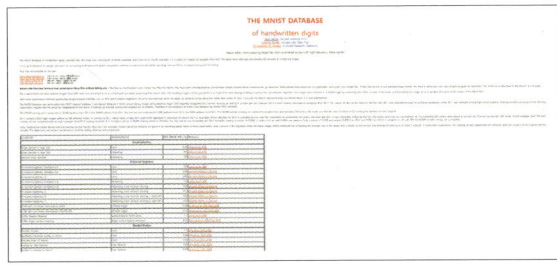

라쿤 교수　　　　　　손글씨 숫자 MNIST 데이터 세트

MNIST 데이터는 Yann LeCun의 웹사이트 http://yann.lecun.com/exdb/mnist/ 에서 제공하는데, 여기에는 숫자 0에서 9까지, 흑백 이미지로 각각 7,000장씩 모두 70,000장이 들어 있고, 60,000개의 트레이닝 세트와 10,000개의 테스트 세트로 이루어져 있다. 이 중 트레이닝 세트를 학습데이터로 사용하고 테스트 세트를 (신경망을) 검증하는 데에 사용한다.

각각의 데이터는 가로 28픽셀, 세로 28픽셀로 총 $28 \times 28 = 784$픽셀의 이미지로 만들어졌고, 각각의 픽셀은 0에서 255까지, 총 256가지의 정숫값을 갖는다. 픽셀의 정숫값이 0이면 검은색이고, 255이면 흰색이고, 그 사이의 값이면 회색이다. 그리고 각각의 이미지마다 정답 레이블이 붙어 있다. 정답 레이블이란 손글씨로 쓰인 숫자가 어떤 수를 나타내는지 적어둔 정답을 말한다.

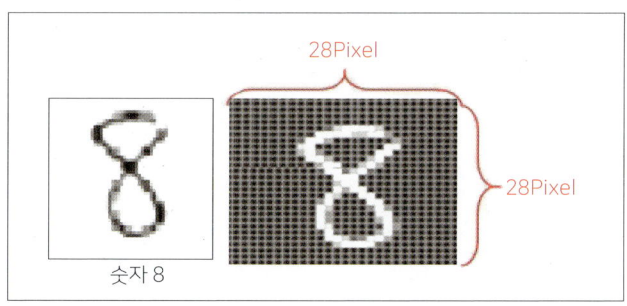

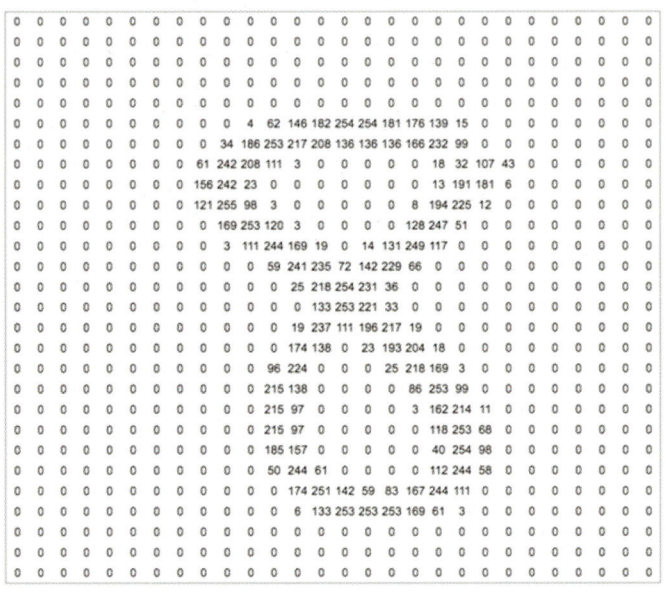

숫자 하나의 이미지의 데이터 모양

❈ 인공 신경망

이제 어떤 숫자를 나타내는 이미지가 주어졌을 때, 이 이미지가 나타내는 숫자를 알아내는 인공신경망 알고리즘에 대하여 알아보자.

인공신경망 알고리즘에서 가장 먼저 진행되는 일은 주어진 이미지를 벡터로 변환하여 신경망Neural Network의 입력층에 입력하는 것이다. 그리고 입력층에 입력된 데이터는 신경망 프로그램의 중간 과정에서 숫자를 인식하기 위해 필요한 계산을 수행한다.

신경망은 입력층input layer, 은닉층hidden layer, 출력층oupput layer으로 이루어져 있는데, 입력층은 데이터를 읽고, 은닉층은 입력층으로부터 입력값을 넘겨받아 계산하고 결과를 산출하며, 출력층은 최종 결과를 출력한다.

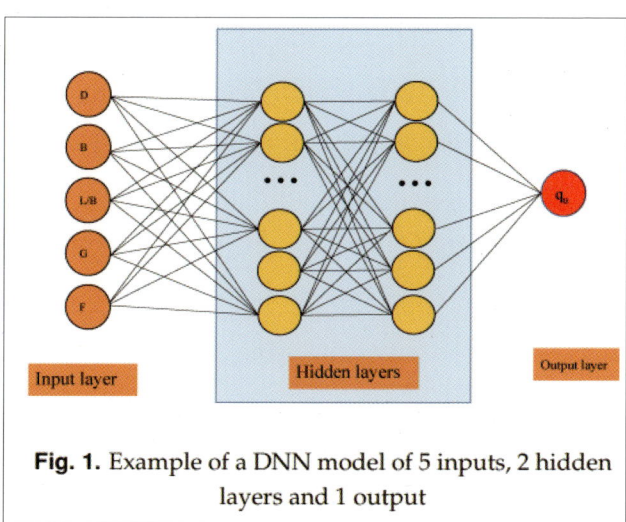

입력층 5개, 은닉층 2개, 출력층 1개인 심층 신경망의 예

    은닉층은 1개 이상의 층으로 이루어져 있으며, 은닉층이 2개 이상인 신경망을 **심층 신경망** Deep Neural Network, DNN이라 한다.

    신경망의 각 계층은 **노드** node라고 하는 인공 뉴런으로 이루어져 있는데, 이것은 사람의 뇌에 있는 신경세포뉴런과 그 세포들의 연결관계 네트워크를 모방하여 만든 수학적 모델이다. 위 그림에서 입력층은 노드가 5개이고, 출력층은 노드가 1개이며, 은닉층의 노드는 5개 이상이다.

❈ 손글씨 인식 인공신경망

    이제 손으로 쓴 숫자를 인식하는 인공신경망 알고리즘에 대하여 알아보자.

첫 번째, 식별하려고 하는 손글씨의 이미지가 784픽셀이므로, 784개의 노드로 구성된 입력층을 만들고, 인식하려고 하는 손글씨 이미지의 각 픽셀의 값을 입력층의 각 노드에 입력해야 한다.

두 번째, 입력층에 입력된 데이터는 은닉층으로 전달되고, 은닉층에서는 복잡한 계산을 수행하고 결과를 산출한다.

세 번째, 은닉층에서 산출된 값은 10개의 노드로 구성된 출력층에 전달되고, 가장 확률이 높은 값이 최종 출력된다.

이 과정을 그림[2]으로 나타내면 다음 그림과 같다.

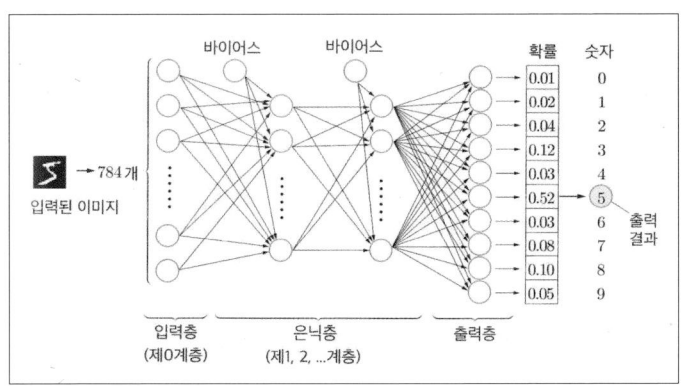

---

2 이시카와 아키히코 (2018). 인공지능을 위한 수학: 꼭 필요한 것만 골라 배우는 인공지능 맞춤 수학. 신상재·이진희 역. 프리렉.

인공지능에 필요한 수학

▶ 손실함수

신경망의 계산과정에서 가중치와 편향값^{bias}을 조정하는 과정을 여러 번 수행하게 된다. 이때 신경망이 출력한 값과 실제 값과의 오차에 대한 함수가 사용되는데 이 함수를 **손실함수**^{loss function}라고 한다. 손실함수로는 **평균제곱오차**^{mean squared error, MSE}와 **교차 엔트로피**^{cross entropy}가 많이 사용된다.

평균제곱오차는 다음과 같이 정의되며, 선형회귀의 최소제곱법에서 계산한 것과 비슷하다.

$$E = \frac{1}{2} \| t - y \|^2$$

이때, t는 정답 레이블, y는 신경망의 출력이다.

교차 엔트로피는

$$E = -\sum t \log_e y$$

로 정의되며, 이때 t는 정답레이블이고, y는 신경망의 출력이다.

신경망의 가중치와 편향값을 조정하는 과정에서 수행하는 가장 중요한 일 중의 하나는 손실함수의 값이 최소가 되도록 만드는 것이다.

▶ **경사하강법**

손실함수의 최솟값을 구하기 위해서는 최소제곱법에서 했던 것과 같이 연립방정식을 풀어야 한다. 그런데 대부분의 경우 변수의 개수가 매우 많기 때문에 보통의 방법으로는 연립방정식의 해를 구하는 것이 매우 어렵다. 그래서 손실함수의 최솟값을 구하기 위해 많이 사용하는 방법 중의 하나가 **경사하강법**gradient descent이다. 경사하강법은 미분가능한 함수의 극값을 구하는 알고리즘의 일종으로, 그래프의 각 점에서 **기울기**gradient의 반대 방향으로 조금씩 내려가는 것을 반복함으로써 함수의 최솟값(극솟값)을 구하는 방법이다. 이 과정을 그림으로 나타내면 다음과 같다.

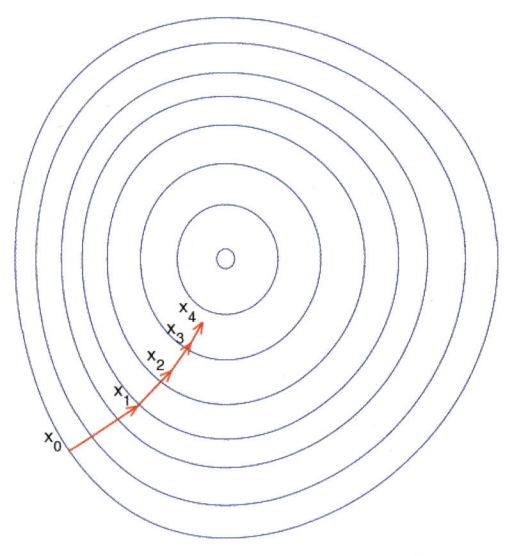

3차원의 경사하강법

▶ **오차역전파법**

신경망의 계산과정에서 손실함수의 기울기를 구하는 것이 쉬운 일이 아니다. 왜냐하면 계산과정에서 다루는 변수의 개수가 매우 많으며, 변수들에 대한 편미분이 포함된 엄청난 양의 계산을 해야 하기 때문이다. 이런 어려움을 해결하기 위하여 고안된 방법이 **오차역전파법** backpropagation이다. 오차역전파법은 '출력값의 오차를 기반으로 출력층에서 입력층 방향으로 가중치와 편향값을 거꾸로 조정해 나가는 방법'을 말한다.

앞에서 설명한 내용으로부터 인공지능 프로그램에 수학이 많이 활용되고 있는 것은 물론, 수학이 프로그램의 핵심적인 내용임을 느낄 수 있었을 것이다. 이처럼 수학은 인공지능 프로그램의 핵심 원리이며 다양한 단계에서 활용되고 있는데, 특히 함수, 선형대수, 다변수 미적분학, 확률 등의 수학적 내용들이 깊이 있게 활용되고 있다.

❋ 손글씨 인식 인공지능 프로그램의 정확도

위의 방법으로 MNIST의 학습데이터 100개, 테스트 데이터 10개를 사용했을 때, 신경망의 정확도는 60%이었다. 그리고 MNIST의 데이터 세트에서 10,000개의 테스트 데이터를 사용한 결과, 정답률은 약 90%이었다.[3] 그리고 60,000개의 학습데이터에 의해 학습시키고, 10,000개의 테스트 데이터에 적용하면, 대략 95%의 정확도를 얻게 된다. 이와 같은 90% 이상의 정확도는 충분히 실용적으로 사용할 수 있는 수준이라 할 수 있다.

---

3 이상구·이재화. (2020). 인공지능을 위한 기초수학. 빅북.

인공지능 기술의 발전 과정

인공지능은 인간과 비슷하게 사고하는 컴퓨터 지능을 의미하는 포괄적 개념이며 인간의 인지, 추론, 학습 능력 등을 컴퓨터로 구현한 알고리즘 등을 말한다.

쉽지 않을 것이라 여겨졌던 바둑에서 인공지능이 인간 최고수를 이기고, 스스로 운전해서 목적지까지 안전하게 도착하는 자율주행 자동차의 실용화가 눈앞에 와 있고, 의료 분야에서 인간 전문의보다 더 정확하게 진단하는 등 인공지능 기술은 눈부시게 발전했고, 조만간 로봇, 드론, 3D 프린팅 기술과 함께 우리 삶의 모습을 혁명적으로 변화시킬 것으로 예상되고 있다. 이런 인공지능 기술이 언제 어떻게 시작되었으며, 어떤 과정을 거쳐 발전했는지 인공지능의 발전과정에 대해 알아보자.

컴퓨터와 인공지능의 시작

1940~1950년대부터 수학, 공학, 철학을 포함한 다양한 영역의 연구자들은 인공적인 두뇌의 가능성, 즉 기계가 사람의 지능을 흉내 낼 수 있는지에 대하여 탐구하였다. 컴퓨터를 발명한 '컴퓨터 과학의 아버지' 앨런 튜링Alan Turing, 1912-1954은 1937년에 발표한 논문 〈계산 가능한 수에 대하여, 결정 문제에 대한 적용과 함께On Computable Numbers, with an Application to the Entscheidungsproblem〉에서 현대 컴퓨터의 원리인 튜링 기계를 고안했고, 1950년 발표한 논문 〈계산 기계와 지능Computing Machinery and Intelligence〉에서 인간의 것과 동등하거나 구별할 수 없는 지능적인 행동을 보여주는 기계의 능력에 대하여 테스트하는 '튜링 테스트Turing

Test[4]를 고안했다.

16세 때의 앨런 튜링   튜링의 논문

'인공지능의 아버지' 마빈 민스키Marvin Minsky, 1927-2016는 1951년 세계에서 처음으로 인공 뉴런 40개를 갖고 있는 신경망 기계 '확률적 신경 아날로그 강화 계산기 SNARCStochastic Neural Analog Reinforcement Calculator'를 개발했는데, 이것은 사람의 신경이 신호를 전달하는 과정을 흉내 내어 만든 최초의 신경망이다. 또한 그는 존 매카시John McCarthy, 클로드 섀넌 Claude Shannon, 나단 로체스터Nathan Rochester와 함께 1956년 미국 뉴햄프셔주 하노버에서 열린 다트머스 회의Dartmouth Conference[5]에서 처음으로 '인

마빈 민스키

---

[4] 튜링 자신은 이것을 '모방게임(Imitation Game)'이라 불렀다.

[5] 다트머스 회의(Dartmouth Conference)는 인공지능 분야를 확립한 학술회의이며 1956년에 미국 다트머스 대학(Dartmouth College)에서 개최되었다. 이 회의는 당시 다트 클로드 섀넌 등도 공동으로 제안하였다. 이 회의에서 존 매카시가 처음으로 인공지능(Artificial Intelligence)라는 용어를 사용하였다.

공지능 Artificial Intelligence, AI이라는 용어를 사용했다. 민스키는 인공지능 연구의 초석을 다지는 데 큰 공헌을 하였으며 1969년 컴퓨터 과학의 노벨상으로 불리는 '튜링상'을 수상했다.

이렇게 인공지능 기술은 마빈 민스키, 존 매카시 등을 필두로 본격적인 연구가 시작되었다.

존 매카시

인공지능 기술의 발전

인공지능의 기술 발전은 크게 계산주의 시대, 연결주의 시대, 딥러닝 시대로 구분된다.

계산주의 시대

인공지능 연구의 초창기 시대는 **계산주의**Computationalism 시대이다. 계산주의는 **지식기반 시스템**knowledge-based system이라고도 하는데, 사람이 가진 지식을 컴퓨터로 표현하고 이를 활용하여 현상을 분석하고 문제를 해결한다. 1956년 다트머스 회의를 제안한 존 매카시, 마빈 민스키, 나단 로체스터, 클로드 섀넌 등을 필두로 본격적으로 시작된 인공지능 연구는 1950년대부터 1980년대까지 전성기를 맞는다. 그러나 기계로 세상을 모델링하는 데 한계를 보이며 기대에 부응하지 못하면서 첫 번째 인공지능의 겨울에 돌입하게 된다.

연결주의 시대

계산주의의 실패로 등장하게 된 **연결 주의**Connectionism는 **데이터 기반 시스템**data-based system이라고도 하는데, 컴퓨터에게 지식을 직접 제공하기보다는 지식과 정보가 포함된 데이터를 제공하고 컴퓨터가 스스로 필요한 정보를 학습한다.

연결주의는 인간의 두뇌를 모방한 인공신경망 구축을 기반으로 하는데, 인공신경망은 사람 뇌의 물리적 구조와 같이 수많은 뉴런이 서로 연결된 형태로, 여러 가지 프로그램 노드Node를 연결한 그물망으로 구성되어 있다. 그러나 연결주의는 막대한 컴퓨팅 파워와 방대한 학습 데이터를 필요로 하는데, 당시에는 이 두 가지를 충족할 기술이 부족했으며, 결국 인공지능은 두 번째 겨울을 맞이하게 된다.

딥러닝 시대

1950년대 화려하게 등장한 인공지능은 기대에 못 미치는 성과로 인해 부침을 거듭하였으며, 두 번의 겨울을 겪었다. 이후 인공지능은 2010년 이후 분산 컴퓨팅, 특히 그래픽 프로세서Graphic Processing Unit, GPU의 발전으로 계산주의 시대와 연결주의 시대의 걸림돌이었던 방대한 양의 계산 문제를 대부분 해결하게 되면서 급부상하게 되었다.

딥러닝Deep Learing은 인간의 뇌와 같은 구조의 신경망을 학습의 주요 방식으로 사용하는데, 신경망은 다층 구조로 구성되고 입력층과 출력층 사이에 하나 이상의 숨겨진 층이 있고, 이것을 심층 신경망라고 부르면서 딥러닝이라는 용어가 만들어졌다.

딥러닝의 이러한 구조가 인간의 두뇌 구조와 학습하는 방식이 유사하다는 점에서 뇌과학과 인공지능이 결합한 것으로 볼 수 있다. 뇌는

추상화 과정을 통하여 유연한 대응력을 가지게 되는데, 딥러닝의 다층 구조 또한 추상화 과정을 통하여 뛰어난 학습능력을 갖게 된 것이다. 뇌의 인지 구조에서 딥러닝의 구조가 벤치마킹된 것임을 다음 그림[6]에서 알 수 있다.

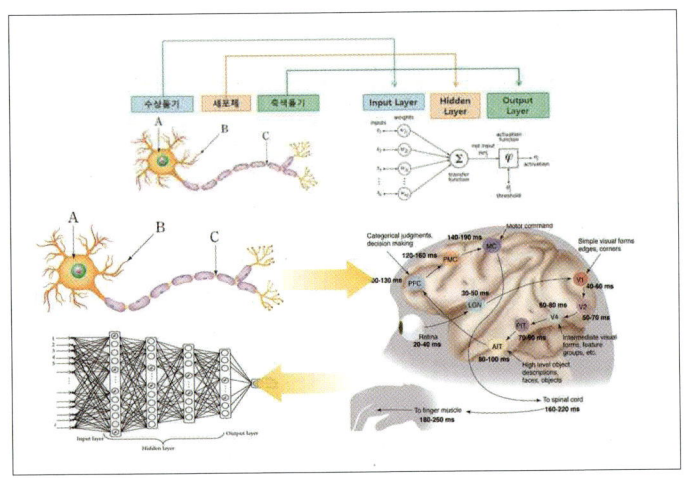

신경망 이론과 뇌과학

앞에서 설명한 인공지능 기술의 발전과정을 다음 그림[7]으로 요약하여 나타낼 수 있다.

---

[6] 주강진 외 (2016년), 인공지능과 4차 산업혁명, 창조경제연구회 제 24차 포럼 보고서, 34쪽

[7] 주강진 외 (2016년), 인공지능과 4차 산업혁명, 창조경제연구회 제 24차 포럼 보고서, 29쪽

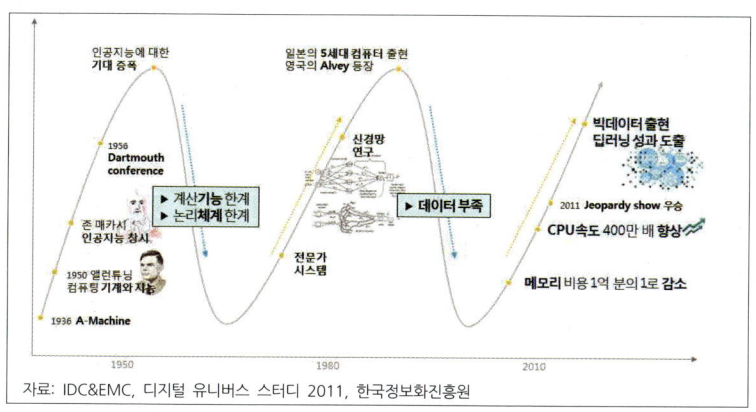

인공지능의 발전 과정

◉◎◉ 인공지능의 분야 분류

인공지능과 관련된 용어 중에 딥러닝, 기계학습, 강화학습 등의 용어를 자주 접하게 되는데 비슷하면서도 다른 것 같아 정확하게 무슨 뜻인지 알기 어렵다. 이들 용어가 어떤 뜻인지 그리고 인공지능 분야가 어떻게 나뉘는지 알아보자.

❈ 머신러닝과 딥러닝

인공지능에 관해 이야기할 때 머신러닝, 딥러닝과 같은 용어가 빠지지 않고 등장한다. 대략 기계가 알아서 학습한다는 의미인 것 같은데 어떤 차이가 있는지 명확하게 알기가 쉽지 않다. 간단하게 말하자면 다음 그림과 같이 인공지능이 가장 넓은 개념이고, 머신러닝 기계학습Machine Learning과 딥러닝이 하위에 속한다고 생각하면 쉽게 이해될 것이다.

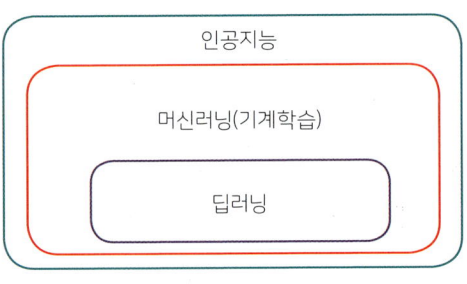

인공지능 개념의 정리

　머신러닝은 인공지능을 구현하는 대표적인 기계학습 방법으로, 사람이 일일이 프로그래밍할 필요 없이 컴퓨터가 대량의 데이터로부터 스스로 규칙을 학습할 수 있도록 알고리즘을 만드는 것이다.

　딥러닝은 여기서 한 발짝 더 나아간 개념으로, 학습에 필요한 데이터를 사람이 제공해야 했던 머신러닝과 달리, 딥러닝은 데이터를 스스로 학습하고 자체 신경망을 통해 예측의 정확성을 판단할 수 있다는 차이점이 있다.

머신러닝

　머신러닝에서 데이터를 모델링하는 알고리즘은 보통 다음과 같이 세 가지로 분류할 수 있으며, 이들 각각은 상황, 문제의 성격, 원하는 결과 등에 따라 뚜렷한 장단점을 갖고 있다.

1) 지도 학습 Supervised Learning
2) 지도받지 않는 학습 Unsupervised Learning
3) 강화 학습 Reinforcement Learning

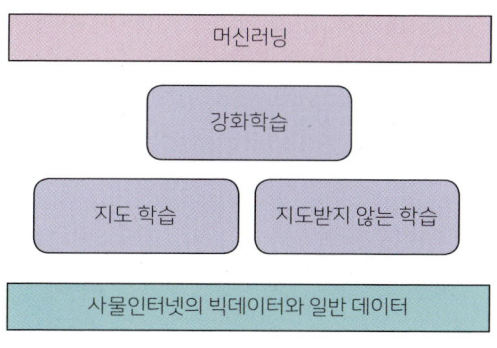

기계학습의 종류

1) 지도 학습

지도학습Supervised Learning이란 컴퓨터에 입력 데이터뿐만 아니라 원하는 출력값도 함께 제공하면서 훈련시키는 방법이다. 예를 들어 컴퓨터가 '고양이'를 인식할 수 있도록 가르치기 위해서 수천 장의 '고양이' 이미지를 컴퓨터에 보여주면서(입력하면서) 그 이미지가 모두 '고양이'라고 알려주고, 동시에 고양이가 아닌 다른 동물, 예를 들어 '살쾡이'의 이미지를 보여주면서 이것은 '고양이'가 아니고 '살쾡이'라고 알려주는 방법이다. 컴퓨터는 입력된 다양한 '고양이' 이미지로부터 '고양이' 모델의 특징을 학습하게 된다. 이것을 통해 새로운 이미지가 주어졌을 때 그것이 '고양이'인지를 구별해 낼 수 있게 되며, 입력된 이미지 데이터가 많을수록 기계의 고양이 인식정확도가 높아진다.

그러나 이 방법은 많은 양의 학습 데이터가 필요하며, 훈련과정 중에 컴퓨터의 예측이 옳았는지 사람이 일일이 확인해 주어야 하므로 노동 집약적이고 많은 시간이 소요된다는 단점이 있다.

2) 지도받지 않는 학습

지도받지 않는 학습Unsupervised Learning이란 입력되는 데이터에 표식이 붙어 있지 않은 경우를 말하며, 특히 데이터 속에 어떤 의미가 숨겨져 있는지 정확히 알지 못하는 경우에 사용된다. 이 방법이 성과를 내려면 정확한 답이 없어도 기계가 스스로 데이터가 갖고 있는 패턴을 찾아내고 의미를 추론할 수 있어야 한다. 예를 들어 '고양이' 이미지 수백만 장이 아무런 표식 없이 입력 데이터로 제공되었다고 하자. 컴퓨터는 이 이미지와 비슷한 이미지가 있는 엄청난 양의 웹페이지를 조사해서 공통된 단어들을 간추리는 과정을 통해 이 이미지가 '고양이'라는 것을 알아낼 수 있을 것이다. 이 방법은 훈련과정에 사람이 개입하여 도움을 주지 않아도 된다는 장점이 있다.

이 방법이 오류가 있을 수도 있고 기대했던 유용한 결과를 얻어내지 못할 수도 있다. 그러나 뜻밖의 예상치 못한 가치 있는 결과를 발견해 낼 가능성도 있다.

3) 강화 학습

강화 학습Reinforcement Learning은 얻은 데이터를 기반으로 경험과 시행착오를 통해 모델을 지속적으로 개선하는 방식이다. 어떤 조치를 실행하고 얻은 결과에 대한 성과에 등급을 매겨서 긍정적 또는 부정적 점수를 부여한다. 그리고 실행한 조치의 입력값에 대한 성과를 지속적으로 모델에 반영함으로써 주어진 알고리즘의 긍정적 점수를 높일 수 있다. 강화학습은 과거에 효과가 있었던 방법과 시도한 적이 없는 새로운 방법을 섞어서 시도해볼 수 있다는 장점이 있다. 새로운 작업이나 분류를 조금씩 증가하는 방식으로 미세한 변화를 시도하면서 자체적으로 데이터를 만들어내고, 이를 바탕으로 또다시 증가하는 단계로 옮겨감으로써 변화를 누적하여 시도하게 되고, 이를 통해 예상치 못한 새로운 통찰력이나 개선방안이 발견되곤 한다.

다만, 강화학습은 실제 적용하기가 쉽지 않으며 개발자의 높은 전문성이 요구된다고 알려져 있다. 그러나 구글 딥마인드DeepMind가 알파고 제로AlphaGo Zero를 강화학습법으로 훈련하여 세계 최고의 프로 바둑기사를 상대로 이기는 데 성공한 것처럼 최근 많은 연구자들이 다양한 강화학습법을 개발하고 있다.

딥러닝

기계학습을 수행하는 방법은 통계분석, 함수 최적화, 뉴런 모델로 분류할 수 있는데, 통계분석과 함수 최적화는 1990년대에 많이 사용되었다. 사람의 뇌를 모방한 인공뉴런을 이용하여 퍼셉트론perceptron 모델을 만들고, 학습을 통해 퍼셉트론 간의 결합 강도를 변화시킴으로써 프로그램의 문제 해결 능력을 강화하도록 개선하는 것을 신경망이라고 하며, 신경망은 기계학습의 학습 수행방식 중에서 가장 효과적이고 인기 있는 방식이다. 신경망 중에서 퍼셉트론을 여러 층으로 쌓아서 모델을 만들고 학습을 수행하는 것을 딥러닝이라 한다.

딥러닝은 퍼셉트론을 쌓는 방법에 따라 다르게 분류하는데, 퍼셉트론을 여러 층으로 구성하는 딥모델Deep Model과 넓게 분산하는 와이드모델Wide Model로 분류하며, 두 가지 모델을 혼합하여 사용하기도 한다.

❖ 약인공지능, 강인공지능

인공지능을 크게 약인공지능 Weak AI, 강인공지능 Strong AI으로 분류할 수 있다. 약한 인공지능은 미리 정의된 규칙에 의해 인지 능력을 거의 필요로 하지 않는 정도의 특정 영역에 제한된 문제를 푸는 기술을 말한다. 강한 인공지능은 컴퓨터가 거의 인간과 같은 수준의 지성과 감정, 자의식과 인지 능력을 갖고 문제를 해결할 수 있는 인공지능을 말한다.

▶ 약인공지능

약인공지능의 대표적인 사례로는 구글의 알파고 AlphaGo와 사진 검색 서비스, 기계 자동번역기, 스팸메일 필터링 등이 있다. 알파고는 엄청난 데이터베이스를 통해 이길 수 있는 확률을 계산하고, 이것을 통해 자기 차례에 어떤 수를 둘 것인지 결정한다. 알파고의 뛰어난 성과 때문에 많은 사람이 알파고가 강인공지능일 것으로 생각하지만 알파고는 인간의 통제가 가능하고 바둑이라는 특정 분야에서만 인간을 앞섰다는 점에서 약인공지능으로 분류된다. 약한 인공지능의 다른 예로는 IBM의 왓슨 Watson, 자율주행 자동차 및 텐서플로 TensorFlow, 아마존의 알렉사 Alexa 에코 Echo, 애플의 시리 Siri, 페이스북의 자동 얼굴인식, 마이크로소프트의 코타나 Cortana, 소프트뱅크의 페퍼 Pepper, 엔비디아 nVIDIA의 무인 자율주행 자동차, SK㈜ C&C의 에이브릴 Aibril 등이 있다.

▶ 강인공지능

강인공지능 Strong AI은 '범용 인공지능'이라고도 하는데, 바둑이나 외

국어 번역과 같은 특정 분야뿐 아니라 모든 분야에서 인간과 동등하거나 우월한 능력을 갖고 있는 인공지능을 말한다. 강인공지능의 대표적인 예로는 영화 '터미네이터'에 등장하는 스카이넷을 들 수 있으며, 공상 과학 소설SF이나 영화 속에 자주 등장하는 인공지능 로봇들은 대부분 강인공지능이라 할 수 있다.

인공지능의 미래

빠르게 발전하고 있는 인공지능은 여러 분야에서 인간의 능력을 넘어서는 수준으로 구현되고 있다. 인간과 바둑, 체스, 퀴즈 대결에서 승리하고, 자율주행 자동차에서 인간을 대신해서 운전하며, 월스트리트의 금융 전문가보다 월등한 투자 수익을 내고, 전문의보다 정확하게 진단하기도 한다.

특히 컴퓨터가 체스 또는 바둑의 인간 챔피언들을 상대로 승리한 사건은 인간의 고유 영역으로 여겨지던 '지능' 분야에서 인공지능 컴퓨터가 인간보다 우월할 수 있다는 가능성을 보여주었다.

인공지능은 개인 비서 영역에서부터 자율주행자동차의 인지/판단 시스템에 이르기까지, 언론, 교통, 물류, 안전, 환경 등 각종 분야에서 기술이 빠르게 접목·확산되면서 인간 중시 가치 산업 및 지식정보 사회를 이끌어 갈 부가가치 창출의 새로운 원천으로 주목받고 있다.

인공지능 기술의 응용 영역은 급속하게 확대되고 사회적·산업적 필요성 역시 점차 구체화되고 있다. 인공지능 기술은 인간의 편의와 안전을 중시하는 인간 중시 가치 산업으로 부상하고 있다. 특히, 저출산, 고령화 등에 따른 생산인구 감소에 대한 사회적 비용을 감소시킬 수 있는 대안으로 제시되고 있으며, 지능형 로봇, 무인항공기 등의 발전을 통해 인간의 접근이 어려운 위험 지역에서 활용 가능성이 확대되고 있다. 또한 인공지능 기술은 미래 지식정보사회를 이끌어갈 부가가치 창출의 새로운 원천으로 주목받고 있다. 데이터 관리 및 분석, 비즈니스 의사 결정 등에 활용되어 효율성이 증대되고 있으며 제조업 분야에서는 인간과 분리된 공간에서 주어진 프로그램에 따라 특정 작업만을 수행하던 로봇이 인공지능의 발전으로 인간과 함께 같은 공간에서 협업하는 형태로 발전되고 있다. 한편 금융, 교육, 유통업 등의 서비스 영역에서 인공지능은 질의응답·컨설팅 에이전트가 되어 상황에 따라 맞춤형 정보 및 서비스를 제공하며 서비스 지능화를 촉진하고 있다.[8]

이렇게 인공지능은 엄청난 속도로 발전하고 산업 전반에 적용되고 있으며, 4차 산업혁명 시대에 들어오면서 혁신적으로 발전한 알고리즘, 빅데이터, 클라우드, 컴퓨팅 파워 등이 융복합되면서 실제 구현을 통해 산업 전반에 적용되어 다양한 현실 세계의 문제를 해결하고 있다. 이런 점에서 미래에는 인공지능이 우리 삶의 많은 부분에서 인간을 대신하여 역할을 수행하며 인류의 행복을 증진할 것으로 전망된다.

그러나 이러한 경제적·사회적 효과에 대한 기대뿐 아니라 자동화로 인한 일자리 대체, 통제 불능 문제 등 부정적 영향에 대한 우려의 목소리 또한 커지고 있으며, 인공지능의 미래에 대하여 심각한 위험성을 경고하고, 인류의 미래에 대하여 불안감을 표현하기도 한다. 스페

---

8 김윤정·유병은 (2016). KISTEP InI 12호, pp. 52~65.

일론 머스크   스티븐 호킹

이스X의 설립자이자 테슬라의 CEO인 일론 머스크는 2018년 한 다큐멘터리를 통해 인간보다 지능화된 로봇이 궁극적으로 독재자가 될 가능성이 있다고 말하면서 인공지능에 대하여 우려했으며, 미래에 인공지능이 인간과 전쟁을 벌일 가능성이 매우 높다고 주장했다. 스티븐 호킹 박사는 강력한 인공지능의 부상은 인간에게 최고 또는 최악이 될 것이며, 우리는 아직 그 결과가 무엇일지 모른다고 말하면서 인공지능의 잠재적 위험에 대하여 경고했다.

  인공지능, 즉 과학기술의 미래에 대하여 인간의 삶을 편리하게 할 것이라는 낙관적 전망과 인류의 심각한 위협이 될 것이라는 비관적 전망이 공존하고 있다. 그런데 과학기술의 미래에 대한 낙관주의와 비관주의가 보이는 양극단의 함정을 벗어나, 과학기술의 효과를 사회적 맥락과 연결하여 파악하려는 제3의 관점을 보여주는 것으로 행위자-연결망 이론이 있다. 낙관적이든 비관적이든 모두 기술의 특정한 본질을 가정하면서 그것이 곧바로 기술의 사회적 결과를 결정할 것이라는 기술결정론의 모델을 따르고 있다고 할 수 있다. 그러나 기술의 사회적 결과는 기술 자체가 결정하는 것이 아니라 해당 기술과 연결되는 수많은 인간 및 비인간의 행위에 따라 달라진다고 볼 수 있다. 따라서 이런 관점으로 볼 때, 인공지능 기술과 사회의 관계도 실제로 어떤 인간과 비인간 행위자들이 인공지능 기술과 어떻게 결합하여 결과적으로 어떤 이질적 연결망을 구축하는지 추적해봐야 비로소 알 수 있다.[9]

따라서 인공지능 기술의 효과는 기술 자체의 속성에 따라 이미 결정된 것이 아니라 그 기술과 결합하는 사회적 맥락에 따라 달라질 수 있는 열린 미래를 갖고 있으며, 유토피아적 미래와 디스토피아적 미래가 모두 가능한 시나리오지만 중요한 것은 미래가 열려 있다는 점이라 할 수 있다. 그러므로 현재 우리가 어떤 미래를 바라느냐, 그리고 그것을 실현하기 위해 어떤 선택과 노력을 할 것인가가 매우 중요하다고 하겠다.

인공지능 기술의 등장은 과거와 단절된 완전히 새로운 시대의 도래가 아니라 인간과 비인간이 결합하는 기술 발전의 행위자-연결망이 더욱 복잡하고 큰 규모로 확대되고 있음을 보여주는 사례로 간주하는 것이 타당하다.[10] 또한 우리는 인공지능의 개발과 더불어 인공지능이 인류를 위협하지 않고 인류의 행복을 증진하는 기술이 될 수 있도록 힘을 모아 힘껏 노력해야 할 것이다.

---

9   김환석 (2017). 인공지능 시대를 보는 이론적 관점들, 사회이론, 제31집, pp. 41-62.
10 김환석 (2017). 인공지능 시대를 보는 이론적 관점들, 사회이론, 제31집, pp. 41-62.

마무리하며

인공지능에 수학이 어떻게 얼마나 활용되는지 보았듯이, 수학은 4차 산업혁명 시대의 핵심 학문이다. 수학은 중·고등학교에서 시험 볼 때만 필요하고 대학에 입학하면 더 이상 필요하지 않은 입시 도구가 아니다. 수학은 우리 실생활 곳곳에서 활용되고 있으며, 수학을 통해 실생활과 사회를 깊게 이해할 수 있고, 수학은 미래 과학기술 발전을 견인하는 핵심 도구이다.

수학에 대한 인식과 수학을 대하는 태도를 바꿀 필요가 있다. 하던 일을 멈추고 수학을 새로 시작하는 것은 과한 일이지만, 살아가면서 수학 관련한 것을 접했을 때 관심 갖고 알아보려고 애쓰는 것은 할 만한 일이고, 전보다 조금 더 이해하게 되면 기쁜 일일 것이다. 그리고 그렇게 해서 자신의 삶이 나아진다면 더할 나위 없이 좋을 것이다. 아무쪼록 독자 여러분이 수학과 화해하고 행복해지기를 간절히 바란다.

참고자료

1장

Andreescu, T., Gelca, R. (2004). Mathematical Olympiad Challenges, Birkhäuser.
Archiv der Mathematik und Physik, 3. Reihe, 1. Band, 1901.
Brooks, R. L., Smith, C. A. B., Stone, A. H., Tutte, W. T. (1940). The dissection of rectangles into squares. Duke Math. J. 7(1), 312–340.
Ciesielska, D., Ciesielski, K. (2018). Equidecomposability of Polyhedra: A Solution of Hilbert's Third Problem in Kraków before ICM 1900. Math Intelligencer 40, 55–63.
Dehn, M. (1901). "Ueber den Rauminhalt". Mathematische Annalen. 55 (3): 465–478.
Duijvestijn, A. J. W. (1978). "Simple perfect squared square of lowest order". Journal of Combinatorial Theory, Series B. 25 (2): 240–243.
Gardner, M. (1974). "More on Tangrams", Scientific American Sep. 187–191.
Gardner, M. (1987). Second Scientific American Book of mathematical puzzles & diversions. univ. of Chicago Press.
Sprague, R. (1939). "Beispiel einer Zerlegung des Quadrats in lauter verschiedene Quadrate". Mathematische Zeitschrift. 45: 607–608.
Stewart, I. (1997). Squaring the Square. Scientific American, 277(1), 94–96.
Wang, F. T., & Hsiung, C.-C. (1942). A Theorem on the Tangram. The American Mathematical Monthly, 49(9), 596–599.
김명환·김홍종·김영훈 (2000). 현대수학입문-힐베르트 문제를 중심으로. 경문사.
https://en.wikipedia.org/wiki/Tangram
https://www.mortonglass.com/pages/Prod/Audio-Video/Tangram-Podcast/Tangram-mp3.html
https://www.archimedes-lab.org/tangramagicus/pagetang1.html
https://www.tangram-channel.com/the-eighth-book-of-tan-by-sam-loyd-page-1/
https://en.wikipedia.org/wiki/David_Hilbert
https://www.simonsfoundation.org/2020/05/06/hilberts-problems-23-and-math/
https://www.google.com/imgres?imgurl=https%3A%2F%2Fimages.slideplayer.com%2F36%2F10642724%2Fslides%2Fslide_26.jpg&imgrefurl=https%3A%2F%2Fslideplayer.com%2F

slide%2F10642724%2F&tbnid=N8idqN_osKzEJM&vet=12ahUKEwjAz6Tz0sn9AhUyEnAK
HSuZDNcQMygFegUIARCCAQ..i&docid=ECyl5uLHsqPJrM&w=960&h=720&q=Internation
al%20Congress%20of%20Mathematicians%201900%20paris&hl=ko&ved=2ahUKEwjAz6
Tz0sn9AhUyEnAKHSuZDNcQMygFegUIARCCAQ

https://www.sophiararebooks.com/pages/books/5482/david-hilbert/mathematische-
probleme-two-offprints-from-archiv-der-mathematik-und-physik-3-reihe-1-
band-1901

https://en.wikipedia.org/wiki/Max_Dehn

https://link.springer.com/content/pdf/10.1007/s00283-017-9748-4.pdf

https://en.wikipedia.org/wiki/Chessboard

https://en.wikipedia.org/wiki/Squaring_the_square

https://tms.soc.srcf.net/about-the-tms/the-squared-square/

https://www.google.com/search?q=journal+of+combinatorial+theory&sxsrf=AJOqIzV2aRlU
IRPbE9Tqdc3O-keuXUQidQ:1678108039105&source=lnms&tbm=isch&sa=X&ved=2ah
UKEwia3MLMr8f9AhXDslYBHcn5B-YQ_AUoAXoECAEQAw&biw=1278&bih=1222&dpr=1
.5#imgrc=dSvplkZL3vIFsM

2장

https://en.wikipedia.org/wiki/Regiomontanus
https://commons.wikimedia.org/wiki/File:Johannes_Regiomontanus2.jpg
https://starwalk.space/en/news/facts-about-saturn-explore-the-amazing-ringed-planet
https://magazine.hankyung.com/business/article/201808211136b

3장

Bayer, D., Diaconis, P. (1992). Trailing the dovetail shuffle to its lair. The Annals of Applied Probability, 2(2).

Diaconis, P. (1988). Group Representations in Probability and Statistics (Lecture Notes Vol 11). Institute of Mathematical Statistics. pp. 77-84.

Gilbert, E. (1955). Theory of shuffling. Technical memorandum. Bell Labs

Jonasson, J. (2006). The overhand shuffle mixes in $\theta(n^2 \log n)$ steps. Ann. Appl. Probab. 16(1), 231-243.

Kraitchik, M., (1942). "§6.20 : The Gambler's Ruin". Mathematical Recreations. New York: W.

W. Norton. p. 140.

Pemantle, R. (1989). An analysis of the overhand shuffle. Jour. Theoret. Probab. 2, 37–50.

서인석 (2019). 트럼프 카드를 몇 번 섞어야 공평한 카드놀이를 할 수 있을까?. 과학의 지평. http://horizon.kias.re.kr

허명회 · 이용구 (2010). 화투 섞기의 과학. 응용통계연구, 23(6), 1209–1216.

https://en.wikipedia.org/wiki/Gambler%27s_ruin

https://www.youtube.com/@52kardshttps://www.youtube.com/@numberphile

https://www.youtube.com/@seasound2886

https://en.wikipedia.org/wiki/Slot_machine

https://en.wikipedia.org/wiki/Blaise_Pascal

https://en.wikipedia.org/wiki/Pierre_de_Fermat

https://en.wikipedia.org/wiki/Pierre_de_Carcavi

https://en.wikipedia.org/wiki/Christiaan_Huygens

https://en.wikipedia.org/wiki/Jacob_Bernoulli

https://en.wikipedia.org/wiki/Abraham_de_Moivre

https://en.wikipedia.org/wiki/Nicolaus_II_Bernoulli

https://en.wikipedia.org/wiki/Pierre-Simon_Laplace

https://en.wikipedia.org/wiki/Joseph-Louis_Lagrange

4장

Baek, S. K., Kiet, H. A., & Kim, B. J. (2007). Family name distributions: Master equation approach. Physical Review E, 76(4).

Benford, F. (1938). The law of anomalous numbers. Proc. Am. Philos. Soc. 78(4).

Berger, A., Hill, T. P. (2015). An Introduction to Benford's Law. Princeton University Press.

Kiet, H. A., Baek, S. K., Jeong, H., & Kim, B. J. (2007). Korean family name distribution in the past. Journal of the Korean Physical Society, 51(5), 1812–1816.

Newcomb, S. (1881). Note on the frequency of use of the different digits in natural numbers. American Journal of Mathematics. 4 (1/4), 39–40.

Nigrini, M. J. (1996). A Taxpayer Compliance application of Benford's Law. The Journal of American Taxation Association 18 (1): 72–91 (이장건(2015), 벤포드법칙과 회계부정: 감리지적기업을 중심으로, 회계저널 24(5), 35–70에서 재인용).

Pareto, V. (1964). Cours d'Économie Politique: Nouvelle édition par G.-H. Bousquet et G. Busino, Librairie Droz, Geneva.

Zipf, G. K. (1949). Human Behavior and the Principle of Least Effort. Cambridge, Massachusetts: Addison-Wesley.

김동욱 (2016). 벤포드 법칙을 이용한 지방공기업 회계수치의 비정상적 행태에 관한 연구, 정부회계연구 14(2), 123-153.
김영진 · 임소희 · 박영재 · 손승우 (2018). 국내 대중가요 노랫말을 바탕으로 한 작사가 네트워크 분석, 새물리, 68(6), 700-705.
리처드 코치 (2018). 80/20 법칙. (공병호). 21세기북스.
유성운 · 김주영 (2017). 걸그룹 경제학. 21세기북스.
크리스 앤더슨 (2006). 롱테일 경제학. (이노무브그룹 외). (주)알에이치코리아.
https://en.wikipedia.org/wiki/Vilfredo_Pareto
https://www.upinews.kr/newsView/upi202007170069
https://www.nytimes.com/books/best-sellers/
https://product.kyobobook.co.kr/bestseller/online?period=001#?page=1&per=20&ymw=&period=001&saleCmdtClstCode=&dsplDvsnCode=000&dsplTrgtDvsnCode=001&saleCmdtDsplDvsnCode=
https://www.yes24.com/24/Category/BestSeller
https://www.aladin.co.kr/shop/common/wbest.aspx?BranchType=1&start=we
http://book.interpark.com/display/collectlist.do?_method=bestsellerHourNew&bookblockname=b_gnb&booklinkname=%BA%A3%BD%BA%C6%AE%C1%B8&bid1=w_bgnb&bid2=LiveRanking&bid3=main&bid4=001
https://www.melon.com/chart/
https://www.kobis.or.kr/kobis/business/stat/boxs/findDailyBoxOfficeList.do
https://www.goodreads.com/author/show/1756.Chris_Anderson
https://en.wikipedia.org/wiki/List_of_United_States_cities_by_population
https://wiki.knihovna.cz/index.php?title=Soubor:Zipf.jpg

5장

Dehning J, Zierenberg J, Spitzner FP, Wibral M, Neto JP, Wilczek M, et al. Inferring change points in the spread of COVID-19 reveals the effectiveness of interventions. Science. 2020;369(6500)., 코로나19 과학 리포트2, 기초과학연구원 뉴스센터, https://www.ibs.re.kr/cop/bbs/BBSMSTR_000000001003/selectBoardArticle.do?nttId=20165&pageIndex=1&searchCnd=&searchWrd.
기모란 · 최선화 (2020). 수학적 모델링(SEIHR)을 활용한 코로나 19 감염병 유행 관리, 통계플러스, v.10, pp. 6-23.
김윤정 · 유병은 (2016). KISTEP InL 12호, pp. 52-65.
김환석 (2017). 인공지능 시대를 보는 이론적 관점들, 사회이론, 제31집, pp. 41-62.
이상구 (2010). 신종 인플루엔자의 수학적 모델링, 한국수학교육학회지 시리즈 E 〈수학교육 논문집〉 24(4), 877-889.

이상구 · 이재화. (2020). 인공지능을 위한 기초수학. 빅북.

이시카와 아키히코 (2018). 인공지능을 위한 수학: 꼭 필요한 것만 골라 배우는 인공지능 맞춤 수학. (신상재 · 이진희 역). 프리렉.

주강진 외 (2016). 인공지능과 4차 산업혁명, 창조경제연구회 제24차 포럼보고서, (사)창조경제연구회.

https://www.sciencetimes.co.kr/news/%ED%99%94%EC%84%9D%EC%9D%98-%EB%82%98%EC%9D%B4%EB%A5%BC-%EC%95%8C%EC%95%84%EB%82%B4%EB%8A%94-%EB%B0%A9%EB%B2%95/

https://en.wikipedia.org/wiki/Radiocarbon_dating

https://www.nocutnews.co.kr/news/5343255

https://news.kbs.co.kr/news/view.do?ncd=4347322

https://en.wikipedia.org/wiki/Willard_Libby

https://namu.wiki/w/%EC%82%AC%ED%95%B4%EB%AC%B8%EC%84%9C?rev=114

https://nownews.seoul.co.kr/news/newsView.php?id=20161121601001

https://m.dongascience.com/news.php?idx=55772

https://www.ibs.re.kr/cop/bbs/BBSMSTR_000000001003/selectBoardArticle.do?nttId=2

https://m.dongascience.com/news.php?idx=10919

https://news.sbs.co.kr/news/endPage.do?news_id=N1003463727

https://twoearth.tistory.com/31

http://jase.tku.edu.tw/articles/jase-202204-25-2-0012

https://ko.wikipedia.org/wiki/%EA%B2%BD%EC%82%AC_%ED%95%98%EA%B0%95%EB%B2%95

https://en.wikipedia.org/wiki/Alan_Turing

https://ko.wikipedia.org/wiki/%EB%A7%88%EB%B9%88_%EB%AF%BC%EC%8A%A4%ED%82%A4

https://ko.wikipedia.org/wiki/%EC%A1%B4_%EB%A7%A4%EC%B9%B4%EC%8B%9C_(%EC%BB%B4%ED%93%A8%ED%84%B0_%EA%B3%BC%ED%95%99%EC%9E%90)

https://en.wikipedia.org/wiki/Elon_Musk

https://en.wikipedia.org/wiki/Stephen_Hawking